青少年科普图书馆

GREAT MOMENTS IN SCIENCE

世界科普巨匠经典译丛·第二辑

科学史上的伟大时刻

（美）兰辛 著　王议田 译

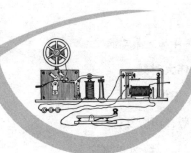

上海科学普及出版社

图书在版编目（CIP）数据

科学史上的伟大时刻 /（美）兰辛 著；王议田 译 . — 上海：上海科学普及出版社 ,2013.10（2022.6 重印）

（世界科普巨匠经典译丛 · 第二辑）

ISBN 978-7-5427-5845-3

Ⅰ.①科… Ⅱ.①兰… ②王… Ⅲ.①世界史 – 文化史 – 普及读物 Ⅳ.① K103-49

中国版本图书馆 CIP 数据核字 (2013) 第 177271 号

责任编辑：李 蕾

世界科普巨匠经典译丛 · 第二辑

科学史上的伟大时刻

（美）兰辛 著 王议田 译

上海科学普及出版社出版发行

（上海中山北路 832 号 邮编 200070）

http://www.pspsh.com

各地新华书店经销 三河市金泰源印务有限公司印刷

开本 787×1092 1/12 印张 14.5 字数 184 000

2013 年 10 月第 1 版 2022 年 6 月第 3 次印刷

ISBN 978-7-5427-5845-3 定价：32.80 元

CONTENTS
目录

第**1**章

火

　　火对于人类来说，非常重要。如果世上突然没有了火，世界将会变成什么样呢？我们不仅要忍受寒冷，还要吃生食，而且所有机械都会停止运转，我们的生活将发生天翻地覆的改变。由此可见，火对于人类至关重要。

　　整个地球上，只有人类会使用火，所以，人类在生存竞争中获得了胜利。古时的人们都认为火是神灵赐予的，所以，流传了很多有关火的神话和传说。很多人都听过

普罗米修斯被鹰折磨

取火技术的应用

希腊神话故事中普罗米修斯盗火的故事。传说普罗米修斯在逃向人间的时候，把太阳神的太阳车上的茴香条点着了，然后带着点燃的树枝逃到了人间。宙斯知道后大怒，对普罗米修斯进行了严厉惩罚。从传说中可以看出，神不希望人类拥有火，惧怕有一天人和神一样享有神通的本领。

至于人类究竟是怎样知道取火秘密的，目前还无从考究。可能是闪电偶然把森林里的树枝点燃了，有人用这个燃烧的树枝生了一堆火取暖。这个人因为找到了火而受到种族的敬仰。然后有人日夜轮守着火种，让它一直燃烧，永远不熄灭。人们最初只会保存火种，一旦火种熄灭了，就会重新回到森林中去寻找火种。他们对火像对神一样敬奉。

后来，人类在劳作中偶然发现摩擦可以生火。尖树枝插在木头上的小洞里不停地转动可以产生火花，两块火石互相敲打也能产生火花，这一发现对于人类来说是一个历史性的时刻。人类掌握了取火的方法，开始征服这个世界。人类发现取火秘密的年代离我们太久远了。下面讲一个关于波利尼西亚人取火的传说。

火的传说

在地球上刚刚有人类居住的时候，没有人会生火，只有居住在地下的神知道如何取火。有时山顶上会冒出烟来，这是神在生火。人类很难找到地下火神的住处，每道关口都有神灵把守，即使找到了也很难进去。莫威的父母是神灵，他们生活在地下，但他们经常会到地上来看望他。他们每次来时从来不吃人类的食物，而是自己带食物吃。

一天，莫威趁母亲睡着偷吃了母亲篮子里的食物，他发现这些食物的味道美极了。这些食物和人类吃的食物有什么区别呢？听说神吃的食物都是在火上烤的，难道这食物的味道是因为用火烤的原因吗？莫威决定偷偷跟在母亲身后，去看看火究竟是怎么生出来的。

莫威跟在母亲身后，偷偷地闯过了一道道大门，虽然每道大门都有神守护着，但莫威都会耐心地等待机会，他终于闯过道道关口，找到了母亲的住处。莫威和母亲说，他一定要学会生火，不然他就不回地上去了。"孩子，我真的不知道如何生火。只有火神自己知道这个秘密，他不会告诉任何人的，你需要火种的话，可以让你的父亲去火神那里帮你要。""我想自己到火神的住处看一看。"莫威的母亲怕儿子会遇到危险，但是她实在阻止不了，只好告诉了他火神的住处。

莫威找到了火神的住处，房子上有烟冒出，火神应该正在做饭。莫威在火神的房门上轻轻敲了几下，"谁呀，有什么事？"火神的语气很不耐烦。"我想跟您要火种。"莫威说。"神永远都不会让人拥有火的。"火神回答，继续做饭。莫威跟火神说人类非常需要火，而且他历尽艰难来到这里就是要得到

燧人氏钻木取火的浮雕

火的应用

火种。"人已经拥有很多了，如果再有了火，就和神一样了。"火神说完就再也不理他了。

莫威终于知道，其实神永远都不会让人知道关于火的秘密。但是他不甘心就这样空手回去，他想一直藏在火神的房子外面，看看能不能偷看到火神是怎么取火的。

其实，莫威完全可以让父亲帮他向火神要一个火种，但是他无法把火种带到地上。他一直蹲在香蕉树上等着，终于等到了一个雨天，雨水流进了火神家，把火神生的火浇灭了。火神无奈，只能重新生火。火神察看四周无人之后，拿了一些可可纤维和香蕉树枝。莫威仔细地看着，火神把一根香蕉树枝插在一些硬硬的木块的小洞里，迅速转动树枝，嘴里念道："出来吧，神圣的火，燃烧吧，那香蕉木！"莫威发现小洞里冒出了烟，烟越来越大，火神把可可纤维盖在烟上，火出现了！

莫威飞似的跑回了地上。他迅速找齐了取火的材料，试试看能不能生出火。经过多次试验，莫威终于生出了火。他把取火的方法告诉了部落里的每一个人，从此，人类学会了钻木取火，人们开始了用火取暖和煮烤食物的生活。人们学会了取火——这成为了历史上的伟大时刻。

铁和铜

不知道是多少年以前，伊甸国东方的山谷中，住着一个叫土布坎的年轻人，他的爷爷是迈苏拉赫，活了几百岁。土布坎是一个出色的猎手，他身体强壮，身手敏捷，能够远距离投掷石头杀死野兽。取火的秘密刚刚传到土布坎所在的部落。一个北方人告诉了他们取火的方法。土布坎一直觉得火很神奇，所以他总是喜欢坐在火堆旁仔细地观察。他每天晚上都会生一堆火，或者取暖，或者烤食物吃。自从有了火，他发现野兽再也不敢靠近火光，当他想睡觉时就在身边生一堆火，这样就不怕那些恶狼的攻击了，可以安安稳稳地睡上一觉。

一个寒冷的夜晚，土布坎外出狩猎。这天晚上非常冷，而且有一只饥饿的老虎一直跟在他身后不远的地方。土布坎尽量把火烧旺，静静地坐着烤火，希望寒冷的夜晚早点过去。忽然，他发现有块石头在火里被烤得通红，而且这块石头在慢慢熔化，这是他从来没有见过的。火在寒风中越烧越旺，石头在火中慢慢化成了红色的水，随后红色的水慢慢变暗，又变成坚硬的石头。这种现象

青铜时代战士

是怎么回事，没有人知道。土布坎竟然无意中发现了铁是怎样炼成的。这时，他知道了在石头中含有一种他叫不出名字的东西。

后来，土布坎每天都会捡很多石头在火中烧，看哪些石头可以熔化。这些石头有时会流出红色的水，是铁水，有时的颜色更亮一些，是铜。土布坎又找来更多的石头，观察它们熔化后的形状。他把烧熔的金属水引到他事先挖好的小坑里，经过敲打做成了金属矛，用它狩猎，金属矛比石矛要好用得多。此后，土布坎又制作了很多工具。这些金属工具非常锋利。

土布坎把自己的新发现告诉了爷爷，并给爷爷展示自己新做的工具。迈苏拉赫意识到土布坎的这个新发现意义重大，他告诉孙子要专心研究这些石头，而且要世界上的每一个人都知道这个秘密。此后，土布坎专心冶炼各种石头。他在山上做了一个火炉，让陶工研制各种武器的模型，猎人们负责采集石头，最后把这些石头做成武器用来猎杀野兽和自身防卫。

土布坎的名字传到了各个部落，人们纷纷向他学习，土布坎一一告诉他们具体操作方法。他知道，这个发现对人类的发展有着重大意义，所以应该让每个人都知道并掌握这个技术。随着冶铁和铸铁技术的不断成熟，土布坎还造出了铁犁。铁犁的出现使耕田更轻松方便。土布坎的名声早已传遍大江南北，世人代代都在传颂着这个铁匠的故事。他把自己所知道的一切都告诉了每一个人，他制出的武器和工具给人类带来了便利，土布坎的事迹被载入史册。

人类从最初的世世代代忍受漆黑寒冷的冬夜到开始懂得取火，再到发掘出金属并铸造工具，这是人类文明的开始。人类文明发展到今天这个高度，需要人类历经艰辛不断地改造。

第 **2** 章

食 物

　　食物是生命能够延续下去的重要保证。只要是活着的生命都需要食物才能生存。人类每天不停地奔波就是为了能够吃饱。

　　在原始社会，人们为了寻找食物不断改变居住地，在一个地方吃完所有的食物就到另一个地方再去寻找食物。在不断地寻找食物的过程中有人发现，好像有些地方的果实已经吃完了，但是到了第二年又会长出来，而且有些地方的地上长出了小树苗，年复一年，终于有人发现了植物的生长规律。他们开始自己播下种子，然后等待收获。后来，他们把很多地方都种上了果树，一年一年结出了很多果子，足够他们吃了。他们决定不再四处漂泊，"为什么不在一个地方定居下来，这样就不会再像以前那样辛苦奔波了。"他们想。从此，人们开始过起了定居生活。

　　在人类社会的不断发展中，人类文明也在不断发展，人们不再仅仅满足于吃饱，而是对食物的要求越来越高，比如盛放食物的东西，不再随便放在地上，或是树叶上面，而是希望能有一种干净卫生的东西把它们装起来，不再像从前那样肮脏而影响食欲，所以，人们发明了陶器，后来又有了瓷器，在交通工具不断发达起来以后又发明了可以把食物密封保存起来的罐头。

人类从最初为食物四处奔波，到自己播种，定居生活，再到后来可以携带食物四处行走，人类最终克服了困难，不再让食物成为人类各种活动的限制，人类真正开始了自由的生活。

陶器的发明

人类通过对生存地理环境的不断探索，知道了世界上不同地方的地理差别，开始选择适宜耕种的地方种植庄稼来维持生存。在漫漫的原始生活中，人们无意中发现了把泥巴捏成各种形状待晒干之后不会变形，而且有一定的硬度。他们最初就是用这种东西装一些水或者吃的东西。当人们不再为吃不饱而发愁的时候，生活水平就大大提高，他们不再满足于仅仅有容器可以装食物，而是希

埃及制陶者

望这个装食物的容器能够更干净更让人赏心悦目，所以有了陶器，继而有了彩陶。

人类在制作陶器的过程中，包括世界上各个国家的各个民族都经历过五个发现：一是黏土和普通沙土有很大差别。黏土事先捏好形状后经过高温处理可以保持原形，而且有一定的硬度；二是用黏土制作出了盛放食物的器具。用这种东西可以盛放水或者食物，而且在火上烧不会断裂或变形；三是把黏土和沙子混在一起烧成砖坯可以建造房屋；四是人类在偶然中

原始彩陶

发现了陶土，陶土在烧制之后更坚硬，人们慢慢掌握了烧陶的时间、温度以及所需的配料；五是中国人最早制出了瓷器，领先于世界上任何国家，其他国家曾经争相购买中国的白瓷，以至西方人把瓷器作为了中国的代称，China 其实是瓷器的意思，后来用英文翻译中国的时候就用这个单词。

在这里要插入一个关于玻璃的故事。其实玻璃的发现非常偶然。早期人们已经有了用来清洗和漂白的东西，这种东西是把一种类似水晶的碱矿石研成粉末做成的。有一次，有一支罗马的商船队运载这些矿石在路过地中海时遇上了恶劣天气，船队只能暂时靠岸休息，这个岸上的沙滩都是白色的，船员们在沙滩上支起火堆做饭。他们把船上的矿石当作锅底的支撑，做饭的船员发现在火中流出了一股透明的液体，这个液体流到火的外面时很快凝结成了透明的固体，这个液体就是玻璃水。这片沙滩上的一种物质和碱矿石遇热发生了化学反应，船员们临走时带了很多沙子回去做进

大汶口文化的蛋壳黑陶杯

一步的实验。

其实关于制造玻璃的传说太多了，可能在很早很早以前就有人发现了怎样制作玻璃，可能因为交通不便、思想守旧等一些原因，没有及时共享，以至于让人类文明的道路走得如此漫长。其实，中国的瓷器技术就一直被中国秘密地保守着。

瓷 器

中国是最早制出瓷器的国家，而且瓷器工艺早已成熟，其他国家都羡慕不已，他们希望自己的国家也能制出中国那样的瓷器，但是中国的制瓷技术不外传，他们只能自己费尽心思琢磨，关于瓷器有这样一个故事——

奥古斯都雕像

在中国已经制出精美的白瓷之后的很多年，欧洲人才刚刚会给普通的陶器上釉。他们那时制出的陶器很粗糙，都对中国的瓷器爱慕不已。为了能制出和中国的白瓷一样精美的瓷器，他们真的是煞费苦心才终于成功。萨克森公爵奥古斯都偏爱中国瓷器，他不惜用自己的军队去换中国的瓷器，他在购买中国瓷器的同时也在让本国的人琢磨怎么能制出这样精美绝伦的瓷器。他命令国内有名的炼金师一定要研究出中国瓷器的制作方法和原料选材。经过不懈努力，1707年炼金师波特哥尔终于研制出了红瓷，可是红瓷离中国的超薄、半透明的白瓷还相差甚远，奥古斯都又命他必须制出中国的白瓷才能放过他。

波特哥尔和助手被关在了一个旧城堡里，他们苦心研究白瓷的原材料和制法。那时的他们喜欢戴假发，每天在假发上会洒上一些假发粉。有一天波特哥尔的假发

麦卡纳斯向奥古斯都介绍艺术

上被仆人撒上了一种白色的粉末，波特哥尔为此
狠狠训斥了仆人，但是当训斥的话音刚刚落下，
波特哥尔突然得到了启发，他终于找到了制白瓷
的原料，仆人把白色的假发粉拿给他，经过实验
研究，终于制出了中国的白瓷。但波特哥尔也因
此付出了一生的代价。因为奥古斯都是不允许别
人知道制白瓷的秘密的，他为波特哥尔建了一座

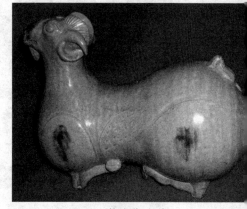

越窑青瓷羊

制瓷工厂，波特哥尔就在此度过了余生，他离世时 74 岁。波特哥尔制出的瓷器至今仍展示在德累斯顿的博物馆中。

今天，瓷器已经成为日常生活中人人都可享用的东西。人类文明发展到今天，不能不说是源于那些执著的发明家。

罐　头

罐头对于今天的人来说再平常不过了，而且现在的人认为罐头太容易制作了，没有什么奥秘可言，可是对于古代的人们来说，能研制出罐头是一件了不起的大事。战无不胜的拿破仑曾因为找不到能够长久保存食物的方法而苦恼不已，食物不能长久保存就意味着士兵的能量供应不上，所以，罐头便因战争的需要应运而生。最早人们保存食物的方法是把食物晒干，但人们希望能吃到保留水分的食物，拿破仑为此悬赏各大发明家充分发挥自己的聪明才智，发明出一种既能保住食物水分又不使食物腐败的保鲜方法。大概是因为奖励的促使吧，法国人弗朗西斯科·埃伯特找到了一个好办法。

那是在 1810 年，埃伯特发明了使食物长时间保鲜的方法。他试着把各种食物装入玻璃瓶中，加上足够的水然后再放在沸水中煮。这种保鲜方法现代人几乎人人都会，可是在那时却是几乎没有人会想到

密封罐头海报

1898 年英国罐头食品厂

的。在那个时代能想出这样的方法是经过了无数次实验。做这类实验必须经过
反反复复几个月，甚至数年的时间，来证实这种方法是否可行。而埃伯特发明
这种方法足足用了 10 年时间，这 10 年中，他反复地用各种食物做实验才最终
得出了结论。这种方法确实能保鲜很长一段时间，埃伯特也得到了那 12000 法
郎的奖励。他把这些奖金全部投到了进一步研究食物保鲜的实验中。埃伯特认为，
只有把食物和空气隔离了，食物才不会变质，其实他只说对了一半。法国科学
家路易·帕斯图对他的结论作了进一步阐述，他说是因为空气中的微生物使食物
发生变质，而不是空气，这种保鲜方法完全把食物和空气隔离开了，所以食物
接触不到空气中的微生物，所以这种保鲜方法是正确的。后来，英国人又发明

20世纪初美国锡罐广告

了锡罐，这种锡罐既轻便又可以更好地保鲜食物。

锡罐发明不久，商人们很快从中发现了商机，英国商人埃泽拉和托马斯抢先注册了锡罐保鲜的专利。1919年，锡罐食品正式开始上市。西方国家的罐头产业迅速发展起来，而且这个产业利润丰厚。罐头的发明给人类带来了巨大的方便，人们再也不用因为不能随身携带食物远行而发愁了。有了罐头才使一切探险活动有了可能，人类才会发现宇宙那么多的奥秘，罐头的作用太强大了！读到这里，你是不是突然意识到：从前为什么没有意识到罐头竟然有如此的奥秘呢？

第3章

原始的车轮

原始人最初的一切劳动都只能靠体力去完成，他们穿着只能遮盖部分身体的衣服，做一些体力能及的劳动。在原始社会，一切都得靠自己去探寻，没有现成的经验可循，要想生存，就得想尽一切办法去与自然抗争，挖掘自己的智慧和无限潜能，才能让生活更好一些。

原始社会的人类在搬东西时，重物一旦超过自身的力量就会放弃，但人的潜能是无限的，人们总能在没有办法的时候想出办法。有的人在搬重物时发现，如果重物下面放一根棍子，撬重物的另一端，重物就会挪动一些，

古代木轮战车

古代木轮牛车

再用力撬就会再挪动一点。有时在挪动重物时常常在木棍下面垫一块石头作支点，木棍借助石头支撑，撬重物时会更省力一些。在漫长的岁月中，人们发现这个支点的作用很大，用很小的力就能挪动庞大的重物。这个规律就是若干世纪以后希腊的阿基米德总结出的杠杆定律。现在，我们很多已知的规律都是经过古人世世代代实践总结得来的，凝聚着世代人的汗水。正因为有了原始人类的劳动结晶，才有了金字塔的建成以及现代的高楼大厦。

原始人以打猎为生，从前总是把打来的猎物直接背在身上，有时会捡一根木棒扛着猎物觉得会省力些。光滑的木棒是很省力的，如木棒粗糙就会把肩膀磨破，所以，他们再选择木棒时会选择那些光滑的，或者把粗糙的木棒磨得光滑一些再使用。在日复一日的打猎劳作中，人们发明了手推车，把两块木板做成圆形，把这两个圆形木板用木棍串起来，在上面放上一块平板，把重物放在上面，这样减少了重物与地面的摩擦力，搬运起来比从前省力很多。人类因此又摸索出了一条规律，就是物体在任何平面上除了本身的重量还会有来自外界的摩擦力，如果让物体离开地面挪动，就会免去摩擦增加的阻力。手推车的发明又使人类向文明跨进了一大步。

摩擦力和杠杆定律在我们日常生活中几乎天天用到，我们在享有这些现成定律的时候要感谢古人，是他们用自己的双手和智慧总结出了宝贵的经验，供我们现代人享用。

杠杆定理

尼罗河之水

古埃及的人们曾天天盼望夏季的到来，夏季一到，尼罗河就要发大水了。我们认为，发大水会夺走生命的；而对他们来说，发大水是拯救生命的。

在一年中，这里有 10 个月是见不到一滴水的，而且也没有其他水源，只能依靠只有 50 天的夏天雨季到来。尼罗河水每年都会来这里滋润干涸的土地，人们只能享有河水 50 天的时间，当河水渐渐退后，人们就可以在河床上种植农作物，直到第二年河水再来。尼罗河发水会使水位

古代尼罗河流经线路图

古埃及农耕图

上涨12米，才使这里不至于荒芜，所以这里的人们每年都要对尼罗河跪拜，他们把尼罗河奉为人类的父亲，并把它雕成了一尊塑像。

尼罗河的水并不是无限制地上涨，而是正好可以满足这块土地上的人们生活。在尼罗河发水的时候人们开始迅速忙碌起来，把这些珍贵的水储存起来以备一年之用。古埃及人早就建好了水渠，把上涨的河水引到修建好的湖泊或者池塘里以备急用。那时的古埃及有大量奴隶，奴隶是一种非常廉价的劳动力。奴隶主都拥有大量奴隶。这些奴隶是用来给奴隶主的农场和花园工作的，他们头顶水瓶一趟一趟地来回运水，去浇灌农场。在劳作中，他们为了让自己轻松些，有些奴隶会想方设法找出一些更省体力的办法来，他们就不断改善劳动工具。有的人总是从低处向高处运水，他们中有人想出了一个好办法，把一个水桶绑在一个棍子的一端，一个人在另一端用力压，水桶里的水就会被泼到高处的水渠中。有的人用废旧的轮子代替吊杆，不但比之前省力，而且还更快一些。但不论用什么办法，使完成这些劳动的动力都是来自人力，所以，人并不能真正繁的从劳作中脱离出来。

几个世纪过去了，人们在苦苦探索着有一天能从繁重的劳动中解脱出来。人们发现了流水的作用，流水可以冲走水上的东西，那能不能带动某种装置代替人类干活呢？有人发明了一种在水上用的轮子，加了一些辐条，看看流水的力量能不能带动轮子转动。这是水车的前身。这个时候人类又向前迈进了一大步，人类可以依靠自然的力量转动轮子，来帮助人们完成某种工作。机器时代的开始，使有

古代水车图

些繁重的劳动完全可以由机器来完成，人类开始从繁重的体力劳动转向脑力劳动。他们开动脑筋，想尽办法：怎样才能使人类毫不费力就能完成繁重的劳动呢？

风 车

500 年前在荷兰的一个小村子里有一个富人叫弗林特·奥科马迪，别看他是一个铁匠，就是农耕，他也非常擅长。

那时的荷兰是一个很适宜人们居住的国家，但是并不适合种植庄稼。早期的一些原始部落搬到这片低洼的沼泽地定居。要想在这里长期居住下去，必须能够战胜风和水才行。河水和海水的不断涨溢总是淹没他们辛辛苦苦种植的庄稼。荷兰后来筑成了著名的围海长堤，这个长堤可以阻止海水不再淹没那些低于海平面的土地。人们从此可以在长堤里那些水淹不到的土地上种植庄稼，这里的土壤肥沃，非常适宜庄稼生长。但是，那些大片的低洼和湿地，因为积水太多，土地不能利用。

奥科马迪去过荷兰的每一个城市，他长年在外做生意，他也曾去过巴黎并看过中欧的富饶农田。在各地行走时他发现，这些地方都很富裕，他想到了自己家乡的那片沼泽地，如果能把那片沼泽地充分利用起来，将会长出茂盛的庄稼。奥科马迪在巴黎时曾听人说过在亚洲有一种轮子，这种轮子只需借助风

荷兰风车

风　车

力就可以代替人力干活。他家乡有一种用人力抽水的装置，不过每次抽出的水很少，如果靠人力去抽干沼泽地里的水是根本不可能的。那么如果用风力抽水装置是不是可能将沼泽里的水抽干呢？

　　15 世纪时，人们认为借助风力抽水简直就是开玩笑，可是奥科马迪觉得这样的事非常可行。他曾经是一名水手，深知风力的作用，如果用风带动轮子转动可以实现，那么用轮子再带动水泵工作当然也是可能的。奥科马迪家乡的沼泽地是一块非常肥沃的土地，如果在这里播种庄稼肯定会大丰收。

　　奥科马迪知道他的这个想法肯定会被同村人嘲笑，他们还会嘲笑他简直是

风　车

异想天开。他决定先不告诉任何人关于风车的事，他想自己试一试。他先做了
一个模型，在小模型上装上了帆，做成了一个小风车，大家都夸他的风车玩具
做得真好。但是他告诉邻居们他要做一个真正的大风车，并且是可以代替人力
的风车，利用风车把沼泽地里的水抽干，邻居们都认为他太异想天开了，这件
事是根本不可能实现的。大家都认为他是一个不靠谱的人。但奥科马迪说到做到，
开始动起手来。他按照小模型的样子制作了一个大风车，并且安上了 4 个大帆，
当风吹动帆时，风车就会自动转起来。然后在风车轴和水泵轴之间安装一个传
动装置，风车一转就会带动水泵工作，风车不停地转，水泵也就不停地工作。

在此基础上，奥科马迪又建造了一个更大的风车，终于实现了抽干积水的愿望。这样的风车在今天的荷兰随处可见。

荷兰人一生都在跟水和风战斗，拦海长堤将海水挡住了，当有了风车以后，又借助风力把积水排干。荷兰的人们对奥科马迪的聪明才智赞不绝口。

那些观念守旧的荷兰农场主一生都在和两个东西战斗：水和风。他们建起长堤将海水拦在了外面，西南风又抬起沙丘让河水灌了进来，当他们看到水和风之间相互较劲——水被风排干时，感到十分有趣，同时不得不赞叹同胞奥科马迪的聪明才智。1408 年，奥科马迪成功建造了荷兰的第一架风车。到了 1500 年，风车已经遍布了荷兰全国，而现在的荷兰仍然随处可见风车，风车成为了荷兰最亮丽的一道风景线。把沼泽变成了耕田，人民也因此富裕起来，人类又一次征服了自然。人类充分利用自己的聪明才智，使一种自然力，征服了另一种自然力。

第 4 章

最初的纺织业

没有人能确切知道纺织工艺是从何时开始的，传说是夏娃教会人类纺织的，可这毕竟是个传说而已。在原始的年代里，人类就已经知道用一些东西遮盖身体了。随着社会的不断发展，人们开始注意自己的外表，并把身体的某些比较敏感的部位遮挡起来，还会简单地编一些生活用具，比如盛放食物的篮子、铺在地上的草席等。

相传，那个发现金属铁的土布坎的兄弟尤

脚踏小纺车

巨形水力纺车

伯是牧人的祖先。尤伯的一家人都擅长编织，那时候，她们把细长的植物捻成细绳，织成一片草席。女人们已经开始懂得了害羞，知道要把身体上的一些部位遮挡住。经过日积月累的不断编织，编织技术在一天天地提高和改进，以至后来编织业达到了空前的繁荣。人们最开始用的编织绳，是用一种亚麻纤维捻成的，那么，能不能用别的东西做成结实又保暖的线绳呢？

一个非常寒冷的冬天，尤伯的妻子想给丈夫和孩子做些更加保暖的衣服。她试着把一些羊毛掺进亚麻线绳中，她用木棒把它们一圈一圈地缠起来，结果做成了又长又结实的线绳。尤伯的妻子用的木棒成为了后来人们纺线常用的工

具，叫作纺锤。随着纺织业的不断发展，又发明了纺车，当纺织技术比较成熟的时候，女人们又厌倦了单一的原色，想把纺织品染上颜色，这种染料最初都是从植物中提取的，把纺织品放在植物的汁液中浸泡，从此纺织品便有了五颜六色的了。

在农业和畜牧业慢慢发展起来之后，人们开始种植亚麻和棉花。女人试着用棉花做衣服，这样既保暖又轻便。羊毛似乎也很御寒，不用种植就能采集到，所以，那个时候的放牧业成了非常抢手的职业。随着纺织业的越来越兴盛，羊毛的价值也越来越高，那个时候为国王进贡可以用山羊和羊毛来代替，可想而知，那时的羊和羊毛有多么值钱。那个时候，会纺织的女人才被认为是最完美的女人。

丝织品的起源

丝绸最早出现在中国，中国人发明后，流传到世界各地。在这里要讲述一个关于丝绸起源的故事——

丝绸的产生和一个年龄很小的小皇后有着直接的关系。

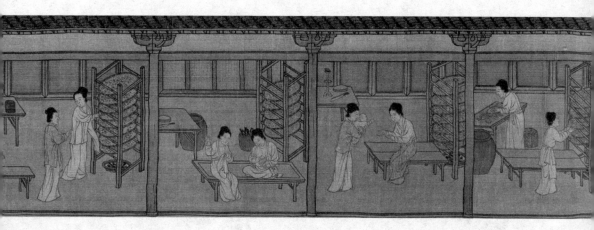

中国古代的纺织

在古文明中，中国是世界发明最多的国家，在中国已有了长足发展的时候，其他国家还都处于比较原始的起步阶段。在中国古代传说中，轩辕黄帝是个明君，他都是从老百姓的实际出发统治国家，一切为老百姓着想。怕商人欺诈百姓，他规范了统一的量器；为使中国的领土完整，他又教百姓造船，使海陆连接起来；那时发现了青铜，并制作了最原始的青铜器，还制作了陶器。那时的中国处于繁盛阶段。黄帝的妻子也为人们做出了巨大贡献，中国著名的丝绸就源于黄帝的妻子之手。

黄帝的妻子叫西陵氏。西陵氏刚刚进入皇宫时什么都不喜欢做，平时只能靠观察后花园中的小虫子打发时间。在西陵氏居住的后花园里有许多桑树，蚕最喜欢吃桑叶，所以后园的桑树招来了很多蚕。西陵氏正值爱玩的年龄，对这些小虫子很好奇。有一天，她像往常一样坐在桑树下面乘凉，隐隐听到像是下小雨的沙沙声，火辣辣的太阳依然在天空挂着，不可能下雨呀，西陵氏抬头透过桑树看向天空，没有下雨，那沙沙声是哪来的？哦，看到了，在桑树枝上聚满了小虫子，它们都不吃桑叶了，而是在树枝上不停地从嘴里往外吐丝，那些吐出的丝缠绕着它们的身体，一圈一圈地不知疲倦地绕着。这是为什么呢？为什么蚕都不吃东西了，吐起丝来，她问了一下仆人，仆人告诉她，蚕每年到这

采桑　养蚕

个时候都会忙着为自己建造小房子，而且它们的小房子得三天三夜才能造好，等房子盖完，它们就钻在房子里不出来了，一直等到变成了小飞蛾才会咬破蚕茧飞出来。这个过程是从蛹到飞蛾的一个蜕变。这太奇怪了，小皇后从前可从没亲眼看过这样的场景，她决定一定要亲眼看看。她终于等了三天，所有的蚕都盖好了自己的房子躲在里面不出来了，还要再等上一个月，蚕就可以变成小飞蛾了。苦苦等了一个月，终于看到一只只飞蛾从蚕茧里飞出来了，这个场景并没有让小皇后觉得很新奇，她感兴趣的是落了满地的有个小洞的小房子，这些小房子是用蚕吐出来的丝一点点织成的，既结实又致密，这些小虫子是怎么做到这些的？小皇后拿着蚕茧，手感很光滑，如果把这些丝一点点拆下来用织布机织成布可不可以呢？她试着抽出一条丝来，好细的丝线，光滑有韧性，就是太容易断掉了。试试泡在水里能不能把它们化开，经过热水泡过的蚕茧柔软了许多，而且没有原来那么结实了，如果小心点，慢慢地可以抽出很长一根丝线。待下次蚕再次作茧时，小皇后静静地守在附近，等蚕完全把茧织好，她就把所有的蚕茧都收集起来，把这些蚕茧泡在热水里，让侍女们小心翼翼地一根一根把丝都抽出来缠在一个木棒上，小皇后想用这些丝线为自己做一件衣服。用这些丝线做的衣服一定很轻，很柔软。小皇后把缠好的细丝放在织布机上，织出

蚕织图（部分）

中国古代缫丝和晾干丝线

了一小块丝布。这种用丝织成的布光滑不粘身，透气性好，非常柔软。小皇后又命仆人弄来更多的蚕茧，皇宫贵族们都纷纷效仿小皇后，织出了很多丝布做衣服，后来整个国家都开始种植桑树养蚕，从此，丝织品成为了富人家里的必备品。

　　这是中国人自己的发明，为了保守这个丝织技术，中国的国君下令这种技术不得外传，而且这种丝织品不得外卖，外国人只有看看摸摸的份，花多少钱都买不到。这个秘密大概保守了 3000 年，秘密总是会泄露出去的，只是看保守时间的长短。

丝绸的秘密

　　一个秘密究竟能保守多长时间呢？对于一个国家来说，保守一个秘密得需要下多大的功夫才能做到啊。其实从下面的故事你可以看到，中国是一个善于保守秘密的国家，就是这个丝绸的秘密竟然守住了 3000 年，对于现在的我们来说都觉得不敢相信，但这确实是无可非议的事实。为什么可以守住如此长的时间呢？这源于中国人对自己拥有丝绸的自豪和对这份自豪的坚贞，所以一定不能让外国人知道其中的秘密。
中国的法律严令禁止：任何人
不得把中国的一根丝线带出
中国。所以外国人只能望丝兴
叹了。

丝绸之路

　　不过因为利益的驱使，一
些中国商人会冒着触犯法律的危险偷偷向外国人贩卖丝绸，从此丝绸不再是中
国人独有的商品了，古老的丝绸之路最初只是一条羊肠小道，随着对外贸易的
不断扩大，这条路成为了当时世界上最长的一条贸易通道，这条路横穿亚洲，
通往中东和地中海，中国的丝绸从这条路上源源不断地流到国外，外国人对能
拥有中国的丝绸而兴奋不已，在国外只有王公贵族才能买得起中国的丝绸，所
以丝绸一直是贵族们的奢侈品。不过虽然有大量的丝绸销往国外，但是他们并
不知道到底丝绸是怎么织成的，也不知道原材料到底是什么。连战无不胜的亚
历山大大帝都无法搞明白中国的丝绸到底是由什么做出来的。

　　公元初期，罗马贵族把买来的中国丝绸重新编织，织成符合罗马本国人
穿着的样式。在罗马，只有贵族才能穿得起这样的丝袍，而当时的罗马皇帝
从来不穿丝袍，也不允许自己的家人穿丝袍。因为丝绸非常轻，比那些麻布

丝绸缎之路纪念邮票

和粗布要轻很多，穿起来飘逸潇洒，所以中国的丝绸在国外有另外一个名字叫"风织品"。

然而，这个保守了3000年的秘密，终于被一位中国公主给泄露了。公元120年前后，一位中国公主嫁给了印度的统治者库坦王。库坦王知道中国公主一定穿惯了丝织品，于是就派人捎话给公主，在印度只有质地上好的棉花，没有丝绸。于是，公主将一些桑树种子和蚕卵藏在头帕中带到了印度。当然，过关口时并没有被检查出来。但是这个秘密后来被中国使者发现了，因为这时公主已经成了印度的王后，不能再对其进行惩罚，他便想出了一个办法阻止珍贵的丝绸技术不外传。他对印度王说，王后的蚕房里其实是在饲养一种巨毒的蛇，印度王便一把大火烧掉了"藏蛇的房子"和桑树。但这个秘密终究还是外漏到了印度。后来又先后外漏到日本和君士坦丁堡（今土耳其伊斯坦布尔）。日本知道这个秘密是中国主动传授的。当时君士坦丁堡的商业空前繁荣，统治者查士丁尼大帝非常能看准商机，他也喜欢学习别国的长处，吸取别国的精华，但是为了能真正得到中国丝绸的技术，他也煞费苦心。当时在君士坦丁堡有两位波斯僧人，他们曾长期在中国传教，对中国的风土人情都非常了解，对于生产丝绸的全过程更是非常熟悉。查士丁尼命令这位僧人再次去中国传教，回来时一定要想方设法带出来一些蚕卵。

5年后这两位僧人回到君士坦丁堡，从竹杖中倒出了历尽千辛万苦才带回来的蚕卵，这些蚕卵在君士坦丁堡人的精心照顾下，终于变成了飞蛾，这些飞蛾产下了蚕卵在异国开始了它们世世代代的生活，为异国产出了丝绸的原料——蚕丝。古罗马皇帝也和中国的皇帝一样希望能够严守这个秘密，对每一个知道丝绸制法的人都施行禁令，要求他们只能在规定的范围内活动，不得与外界交流。不过没过多久，在西方就迅速出现了很多家丝绸作坊。随后的十几个世纪中，欧洲的丝织业也迅速繁荣起来。这个保守了3000年的秘密终于为全世界共享。

染料的出现

　　大概在距今 75 ～ 100 年前才开始有染料。说起染料就必须提到两种工艺，这两种工艺在现代时装业中是必须用到的。

　　第一是机器工艺。纺织技术的不断提高促进了纺织业的大发展，从纺织业的历史可以看出，纺织技术的提高给纺织业带来了质的飞跃。最初的纺织业是一种家庭式作坊，人类最开始用手捻出一根根纱线织布，那个时候全世界的人大概都使用纺锤或者木棒纺纱，轮子只是用来缠线。而且各个国家的纺织史几乎大同小异，不过后来轮子给人类提供了很大帮助，14 ～ 18 世纪全世界各地已经普遍开始使用纺车。纺车的纺纱速度要比纺锤快多了，即使到现在，我相信还可以在乡下人家里找到纺车，有人还在用纺车做一些简单的纺织品。不过即使是用纺车也必须得手工操作才能完成，手工再快也是有限的，生产速度远远满足不了市场的需求，这个时候迫切需要一种机械来代替手工业，大大加快纺织速度，以满足市场需求。最早提出使用机械来提高纺织业发展速度的是英国的机器发明家。1738 年，世界上诞生了第一根不用手指纺出的纱线。这一刻意味着人类从此进入了机械化进程。不到 30 年的时间，

家庭用单人纺车

阿特莱特的发明

哈格里夫斯又发明了多轴纺织机，1768 年，阿克莱特制造了一种用畜力或者水力运转的机器，这种机器十分笨重，而且这种机器只能放在户外才能工作，有很大的局限性。1789 年，阿特莱特发明了第一台真正可以自己运转的机器，这种机器用蒸汽机作为动力。用机器取代手工操作，纺织业开始迅猛发展，生产出的布匹大大满足了市场需求，人类从此进入了机器工业时代。

第二是染色工艺。在染色工艺中化学家作出了重要贡献。利用化学工艺染色出自一个化学家的助手，这个小助手年仅 17 岁。在纺织业迅猛发展的时候，染色工艺却没有多大进步，人们还是用传统的染色方法，利用植物的汁液给布匹染色，最初要想把一小片布料染成紫色得需要从上千只海螺中提取汁液才能做到。各个国家种植了很多用来染色的植物，印度种植了数百万亩槐蓝植物，这种槐蓝植物可以染成靛蓝色，后来很多国家都种植这种植物. 欧洲种植大量菘蓝，可以染成靛青颜色。从某种热带昆虫身上可以提取到胭脂红色，茜草植物中可以提取到土红染料。这些染料都来自自然界的生物，供人们用来为希料染色，直到人工合成的染色剂出现。人工合成颜色的出现完全出于一个偶然。这一偶然使整个世界变得五颜六色，为人类的生活也添加了很多色彩。

威廉姆·亨利·伯金，英国人，从小就热爱化学，中学时就利用课余时间去听化学辩论会，15 岁时离开学校到德国化学家霍夫曼在皇家学院的开放实验室做助手。这个小伙子机灵聪明，霍夫曼很喜欢他，所以一些项目的研究都让他参与。化学家想把一些被视作无用的东西充分利用起来供人类使用，霍夫曼当时就在做这方面的研究。他那时正在研究通过不同的方式合成各种材料，他让伯金用煤焦油合成奎宁，来代替树皮中的天然奎宁。过去煤焦油都被人们视为垃圾扔掉，因为它是在密闭的容器中燃烧软煤时产生的一种黑色黏稠物，这种物质对于人类来说只是一种没有用的垃圾，可是现在化学家想把这些垃圾利用起来为人类造福。伯金很重视这个实验，他自己建立了一个小实验室，工作吃

德国德累斯顿科技大学染料博物馆，收藏了 10000 种以上的染料

住都在这个小实验室里，这样可以节省出很多时间用来做实验。1856 年的一天，伯金在加热苯胺油时试管中产生了黑色的焦状混合物，他想用酒精把试管清洗一下，当试管中倒入酒精时，一个奇怪的现象发生了，试管中出现了美丽的淡紫色，人工合成的染色剂就此诞生了。

人工合成染色剂的出现在人类历史上发挥了重要作用。把两种材料组合在一起经过化学反应就会变成另外一种物质，这是人类智慧的结晶。过了 10 年，伯金又成功合成了一种新染料，这个染料比从茜草中提取的土红颜色更亮丽。很多化学家都开始致力于合成新的染料。又过了很多年，化学家阿道夫·冯·拜尔用了 15 年的时间研究出利用苯胺油制成靛蓝色。

自从可以人工合成染料后，那些原先生产染料的植物种植园都改为他用了。人工合成的染料既省钱又省力，而且产量很高，它在各个方面的优势都远远超过植物染料。人类在一天天不断地进步，从最初必须到处去找颜色到足不出户就能自己创造颜色，这和机器代替手工一样，人们不用费力气就可以生产出大量需要的产品。人工染料利用很少的花费就可以把成吨的布料染成同一种颜色，这对我们的生活产生了十分重要的影响。

第**5**章

最早的时间

　　从前，原始人类把住所建在峡谷或是悬崖峭壁上，在美国的新墨西哥州和亚利桑那州的峡谷和峭壁上就发现了一些原始人居住的遗迹。在史料记载中并没有关于这些原始人类的记录，可能是他们生活的年代离我们太遥远了，以致很多事情都无从考究。其实这些定居在峡谷或峭壁上的原始人类很有可能就是现在仍然在那一带居住的印第安人的祖先。通过科学考察，可以很肯定地判断确实有人在这里居住过，这里比其他地方更安全。那个时代的人根本不会建造房屋，他们大多是选择一些可以遮风挡雨的地方作为居住的地方，而且几乎没有人知道时间到底是一个什么东西。

　　虽然他们不知道什么叫作时间，但是他们知道一天当中到什么时候应该做什么事。他们每天靠观察太阳的变化得知什么时候做什么事。生活在峭壁上的女人通过太阳照在峭壁上的影子来判断男人们什么时候打猎回来。太阳的东升与西落都会在峭壁上留下不同的阴影，阴影到了哪里，男人们该回来了，待阴

巨石阵又名太阳神庙,索尔兹伯里石环等名,是远古人类为观测天象而建置的。

影再到了哪里,开始吃晚饭,待天空黑下来,意味着到了晚上该睡觉了。其实可以把悬崖的峭壁比作一个表盘,不停变化的阴影可视作指针,太阳是自然界用来衡量时间的一个标准。其实原始人早就知道了一天中的时间变化,只不过他们那时还不知道这个变化叫作时间的变化。

居住在不同地方的人都有各自测量时间的办法,悬崖上的人通过看峭壁阴影测量时间,住在平地上的人可以通过树影或者插在地上的竹竿来测量时间。人们通过立在地面上的竹竿的影子在地上作出标记,他们发现测量的最终结果是一天当中竹竿的阴影正好可以转上满满两圈。这个标记可称为日刻图,其实这时在地上画出的标记就是我们现在钟表的原型。

日晷仪

最早期的原始人类不需要知道确切的时间，他们只要知道早、中、晚这三个时间段就可以了，其他更精确的时间对他们来说没有太大的意义。像那些在荒岛上过日子的人不需要把时间精确到小时或分钟，在人类聚集的地方，如果能有更短的时间标准会给人们的生活带来很大方便。因此，随着时代的发展，在日刻图上有了更精确的时间标记。

伟大的巴比伦人发明了最早的时间记录法。他们生活的地方靠近地中海东岸，那里土地肥沃，水源丰富。巴比伦人很早就已经居住在自己建造的房子里，他们早就知道怎样制作土坯砖，而且这些聪明的巴比伦人很早就开始研究天文学，他们想从人们天天都能看到的太阳星星月亮的出没来探索一些规律。他们认为整个宇宙都由神在统治，每一个天体的出现和隐没都有它的原因。喜欢探索的巴比伦人想从中知道星空的奥秘。太阳会有升起和落下，月亮会有满月和月牙，星星一闪一闪，为什么它们会有这些变化，这些变化似乎总遵循着一定的规律，巴比伦人决定要记录下这些变化的规律。他们注意到太阳每天升起和落下的方向似乎都是一样的，月亮从月牙到满月的变化时间也有一定的规律，又通过一整年的观察发现，太阳一年当中升起和降落的点也会发生变化。他们通过这一整年的观察画了一个表格，这个表格像一个轮子的模样，在轮子的正中心画有一个太阳，在太阳的四周画了四个月亮的形状，上弦月、半月、满月和下弦月，分别代表一个月中月亮的不同变化，这就是著名的黄道图。在这个图表上，图表的边缘有 12 个刻度，这些刻度用来表示主要星群在天空中的运行轨迹，并且每个刻度都有一个以星群或主要星星命名的名字，这就是黄道十二宫。巴比伦人在那时已经把一天的时间分为了 12 等分，一年分为 12 个月，一天分为 24 小时，进而又细分到一小时 60 分钟，一分钟 60 秒。

智慧的巴比伦人太聪明了，竟然能把时间精确到秒。其实这么精确的时间的得来并非一朝一夕就能做到，而是不知经过多少年多少代观测才得来的。那些古巴比伦的祭司还保有很多秘密，对于一些星象的知识，一些天体的运行变化，他们都不外传给普通百姓，以此来增添他们在普通人心中的神秘感。他们要成为人们的先知，所以深受人们的敬仰。

大约在公元前 250 年左右，古巴比伦有一个著名的祭司叫贝罗索斯，他发明了一个绝好的办法可以准确地标记出太阳在一年当中升起和落下的变化。他做了一个碗状的日刻圆盘，在圆盘中间插一个小木杆，小木杆的顶端放一个小球，这样通过小圆球在地上的移动就可以画出刻度。小球移动的阴影可以准确地反映出太阳在天空中全年的变化，小球的阴影从碗中的经度线横穿过去，由此得到了一个半圆刻度盘。大约 200 年过后，西墨罗又制成了半圆日影盘。这是古代巴比伦人的智慧结晶，他们为人类的文明进步做出了巨大贡献。

日刻盘在中世纪是一种常用的时间工具。人们把这个工具称为"日晷仪"，但是"日晷仪"只有在有太阳的时候才起作用，阴雨天气它就什么用场都派不上，所以，"日晷仪"有着非常大的局限性。可是人总是很聪明的，"日晷仪"如果不能完成某件事情，人们可以另寻它路，总会找到一个更好的办法。确实，人们做到了，找到了一个更好的办法。

日晷仪

滴水计时器

　　下面要讲的这个故事发生在中国和印度，我们还是讲述中国的这个故事吧——

　　在一个小县城里，有一个公务繁忙的县官，他每天从早到晚几乎没有多少可以自由支配的时间，他多么奢望能休息一天，睡个懒觉，喝喝茶，读读诗书或与朋友下棋聊天，可是他几乎连自己吃饭的时间都保证不了，哪能还有时间做自己想做的事呢？老百姓的事情太多了，一年到头总有解决不完的纠纷。这个县官觉得不能这样无休止地下去，他得给老百姓规定办案时间，他规定白天通过看太阳的变化来办公务，可是在遇到没有太阳的天气就没有办法了。怎么办呢？一天，他在回家的路上正思考着这个问题，当他快走到家门口的时候，看见又有两个人在为土地的事等他解决，他真想好好吃一顿晚饭呀，他心里盘算着怎么能把这两个人推脱一阵。这时，他看见院子里花台上的花瓶在不停地往下滴水，一滴一滴地很有节奏，这样水就可以一点点地渗入到花的根部，他灵机一动，告诉那两个人，等花盆里的水滴完就来解决他们的事。他告诉仆人，在水瓶滴完两瓶水之后再叫他出来，当这个县官终于处理完一天的事情之后，他坐在院子里静静地休息一会儿，他想以后可以用滴水的办法来限制办案时间，他就在公堂上放了一个这样的水瓶，从此很多人都采用这个方法来计时，以至整个中国都如此计时。

　　而古印度的滴水计时用具是一个底部钻眼的铜碗。这个故事发生在大约公元前4000至公元前3000年，印度人把钻眼的铜

中国古代漏壶

古代波斯水钟

碗放在一个大水盆中，水盆中的水会从铜碗底部的洞进入到铜碗中，等铜碗里的水满时，就会沉入盆底，这是一轮计时结束，把铜碗里的水倒光再开始下一轮的计时。

古埃及和古巴比伦人的计时方法是用两个装水的水瓶。一个水瓶里放两个水管，一出水一进水，当水与瓶口齐平的时候，出水口就会自动把多出的水排出去，而这个水瓶底部有一个洞一滴一滴地往下滴水。这个有两个水管的水瓶放在高处，下面再放一个接水的水瓶，在下面的水瓶里有一个浮标，随着水的不停注入，浮标会一点点地上升，而在瓶壁上刻上刻度就可以通过浮标来测量出时间了。

这些简单的计时方法让人觉得非常有趣，人类能够想出如此简单的方法就能准确地测量出时间，人的智慧是多么伟大呀。这个滴水计时器和日刻盘有很大的区别，日刻盘只能测量一段时间，而且必须得满足一定的自然条件才行，比如上午的某个时间，日刻盘就会指向相应的刻度上，不过前提是得有太阳才行。而滴水计时器不需要依靠太多的自然条件，它测量的是小时，对时间的掌握更精细，它计算时间是通过水瓶里水的有无来计算的。比如上午8点钟水瓶灌满水，当水滴完时就是下午2点，再次加满水再滴完时就是又过去了6个小时，已经是晚上8点了。其实如果有一个足够大的水瓶，而且出水洞口又很小就有可能会有24小时的滴水计时器诞生。这种计时器使人类能更准确地掌握时间，以安排日常的生活和工作。

这种计时器虽然不需要太多的自然条件，但是它需要人一直看着它为它加水，后来人们在此基础上又研究出了可以自动加水的计时器，它叫"克里斯普幸"，在希腊语中是"偷水贼"的意思，其实就是漏壶。人类历史上第一个可以自动转动的计时器诞生了。亚历山大的丝提普斯是第一个给量水计时器装上轮子的人，这是轮子的又一传奇。这个装置的外形已经很接近现代的钟表了，它的转动原理和水车的转动原理一样。这个装置中有一个浮标，这个浮标和一个滑轮被绳子连在一起，滑轮转动时可以带动轮盘转动，水面上升的浮力使浮标带动轮盘有规律地转动，人们就可以通过看轮盘的刻度来看清时间的变化了。

　　漏壶只有贵族才能用得起，在古罗马帝国时期一直在使用这种漏壶来计时。但是漏壶也得需要时常检查才行，所以有专门的机械师定时检修。那个时候在一些必要的公共场所也必须有漏壶才行。比如在法庭上。公元前106年至公元前48年，古罗马的将军庞培为了限制法庭上一些律师喋喋不休的辩论，在法庭上安放了一个漏壶，每个律师有固定的陈述和辩论时间，有专门的人看着漏壶的刻度。这样就规范了法庭纪律。但是漏壶也有两个缺点：一是不适宜在北方的冬季使用，因为寒冷会使水结冰，所以漏壶就不能用了；二是长时间的滴水会使滴水孔冲大，从而导致计时不准，如果水中有杂质，时间长了又会堵住出水口，导致水流缓慢。后来又出现了沙漏，进一步弥补了漏壶的缺点。把沙子装在一个漏斗形的玻璃容器中，沙子通过中间的小孔流到下面的容器里。不过得需要透明的玻璃才行，因为人们要看到沙子的变化才能确定时间，好在出现沙漏之前就已经有玻璃了，这种玻璃沙漏既便宜又可以随身携带，不怕堵住小孔也不怕被冻坏，现在有的商场中还有卖这种小型沙漏的。古时的雅典人几乎天天

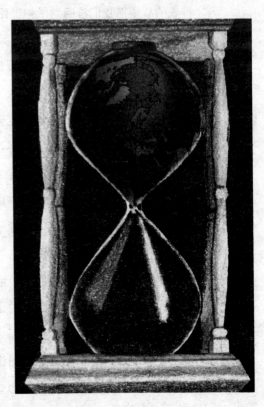

沙漏

把沙漏带在身上，就像我们现在天天戴手表一样。

　　这个沙漏曾用在美国和英国的军舰上，用来测量舰艇的航行速度。在一根绳子上每隔 14.4 米打一个结，一个小沙漏可以流动 28 秒，14.4 米和海里的比率与 28 秒和 1 小时的比率恰好相等。一个人负责数抛入大海中的绳子结数，一个人负责看沙漏，通过计算绳子结数就可以测出舰艇的航行速度。这个测量速度的方法一直延续到现在，现在的航速仍然用节（结）来计算。当然沙漏也有一个最重要的缺点，就是它的计时时间太短，只适合测量短时间。

钟表的出现

　　钟表的故事把我们拉回到了中世纪——

　　中世纪是一个新旧交替的时期，兵荒马乱的年月过去了，马可·波罗让世界对东方有了更深入的了解，哥伦布发现了新大陆，印刷术的发明，各个领域不断涌现出新发明和新创造。

　　中世纪频繁的战争严重影响了社会发展，很多文学古籍都在战乱中丢失了，不过僧人们把一些重要的文献古籍尽可能多地偷偷保存了下来。僧人们的生活简单而有规律，他们会在每天的固定时间打坐念经，而这就需要一个可以计量时间的工具，让大家知道什么时候该做什么事，寺院里的钟声会在每天固定的时间响起，我们现在钟表的命名来源于法语的词"钟"，这告诉我们钟表的出现很有可能和寺院有着某种关系。

　　公元 9 世纪时，僧人加尔件特也就是后来的教皇斯利文斯特二世，曾经发明了一个计时装置，这个装置带有轮子很笨重，看起来很古怪，当时的统治者以为这是加尔件特和撒旦串通造反而设计的某种武器，因此把他驱逐出境一段时间。在古书记载中有个国王也发明过计时器。阿尔弗雷德国王曾发明一种用蜡烛做的表，在蜡烛上标出刻度，通过蜡烛的燃烧来计时，把每天分成三个时段，8 个小时休息，8 个小时处理国家事务，余下的 8 个小时用来诵经。

到了 13 世纪，出现了真正的钟表。最初的钟表是 1364 年亨利德里利制造的，我们在今天许多博物馆和教堂中都能看得到，这个钟表像一个天秤，在天秤两端加上重物，通过重物的不停摆动来计时。到了 16 世纪末时，伽利略的重大发现使钟表发生了巨大变化。

伽利略（1564～1642 年），意大利人，生于比萨，他的一生有过很多发明创造。这个伟大人物为人类做出很多重大贡献，他的很多发明创造对人类的生存起到了重要影响。伽利略在早年钻研自然律法，温度计就是他最先发明的，他还是第一个发明望远镜观测天空的人。他曾提出太阳是宇宙的中心，而地球在不停地围绕太阳旋转，相信宗教的人们以此认为他是个疯子。他亲自从比萨斜塔上向下抛出两个不同重量的铁球，发现了自由落体定律。这些都与我们的生活息息相关。而这里要说的是他的一个重要发现对钟表的影响。

伦敦大本钟

17 岁那年，伽利略对教堂里摆动的吊灯产生了好奇心。吊灯被长长的链子吊在教堂的天花板上，教堂的门开启时吹进来的风会使吊灯在空中左右摇晃，左右摆动的吊灯并没有引起其他人的注意，却引起了伽利略深深的思考。

吊灯每次左右晃动再回到中心点的距离是相等的，来回用的时间是一样的，这就发现了钟摆定律，摆钟就是根据这个原理制作成的。这个定律的发现加快了钟表的发明进程。伽利略在 50 年后提出了此定律，但是他没有自己去制作钟表，因为他还有更重要的事情去做。第一个摆钟是荷兰的天文学家惠更斯在 1657 ～ 1665 年间发明的。

如果你的家里有摆钟的话，你看一下就会明白为什么钟需要有钟摆了。任何物体都得需要动力才能运动，钟表也是一样。中世纪发明的钟表需要靠物体下落的重量来提供动力，但是物体不是匀速下落的，所以轮子受到的力也不是匀速的，这就给制造摆钟出了一道难题，只有匀速的动力才能使机械装置匀速运动，而钟摆正好能满足这个要求。钟摆的左右摆动和吊灯在空中左右摆动是同样的道理，有了匀速的动力，就可以使机械匀速地转动，带动表针也匀速地移动。手表也是这个道理，如果你拿来一块老式手表，会发现把表外壳的小钮拧到不能再拧时可以让表走一个星期，这里用盘紧的发条代替了重力，里面的发条匀速地慢慢松开给表盘上的指针提供了动力，使指针能一点点地匀速移动。因发条可以提供动力，慢慢发明了小型钟表和手表，钟表慢慢进入了普通老百姓家里。整个世界因为有了钟表而变得井然有序，任何事情都要首先遵从时间的安排，钟表的出现使人们的工作效率大大提高，钟表对人类的文明进步起到了巨大的推动作用。

原子钟

当人类文明达到一定程度以后，人们会反过来思考从前为什么会落后。当一个个新发明创造摆在人们眼前，人们熟知它们的构造原理之后，便想，如果知道某个东西的制造原理，是不是就可以制造出这个东西来呢？医生在知道某些药有特效之后，就想研制出能让人永不衰老的长生药。化学家知道某些金属放在一起会发生化学反应变成另一种金属，就想把廉价的金属炼成金子。同样，机器可以帮助人类做很多事情，但必须有人操作才行，就像水车风车一样，都得需要借助外力才能转动，能不能制造出一台永远都不知疲倦的机器呢？在相当长一段时间里，工程师们都致力于制造一台永动机。

通过学习我们知道，制造永动机是靠任何发明创造都不会实现的，不过，我们可以借助自然的力量，借助自然界帮助人类做一些人类无法完成的事情。金属元素镭的发现，为人类做出了不小的贡献。镭元素非常活跃，它可以自身衰变也可以和其他元素相结合变成另外一种元素。就拿炼金师想把金属炼成金子这件事来说，镭和任何金属发生反应都不会变成金子，炼金师可以死了这条心了。在这里我们要说的是镭的自身衰变，镭的衰变速度十分缓慢，慢到要用2000年才完成一次衰变。

那么，人类是如何利用镭的这种缓慢衰变的呢？

一位科学家利用镭的衰变这一特性制造了一种表。他用镭代替了重力和盘紧的发条，因为镭原子的最原始状态就是盘紧的，它的慢慢衰变其实就是像发条一样慢慢地展开，如果不遇到火灾、地震，或者人类制造的机器不出问题的话，这种表不遇到外力的话镭会一直工作下去，真的可以走上2000年，直到最后一刻。镭不但可以

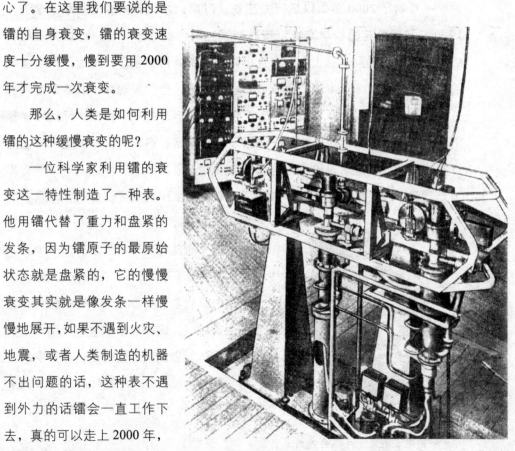

铯原子钟100万年也只会差1秒

帮助人类制成能够走得非常精确的钟表，它还可以测出微观世界里原子的运动速度。

不过，现在的很多钟表都是用另外一种原子制成的，这种原子制成的手表更加精密。它与镭制成的钟表不一样，现代的手表利用原子发出的光计时，这种原子就是铯原子。

其实在古希腊时期，就有一位学者德谟克利特提出了原子学说。他认为世界上的一切物质都是由一种微小粒子构成的，这种粒子叫原子。这些原子已经是最小的粒子，小到不能再分割开了，不过那个时候没有人相信他的学说。一直到了 2000 多年以后，文艺复兴时期，才又有人提出了原子学说。19 世纪初期的英国科学家道尔顿与德谟克利特的假想一样，也认为自然界的物质可以小到原子那么小，而且小得已经不能再分割了。经过了一个世纪的探索，科学家终于发现了比原子更小的粒子，他们发现原子其实是由两部分组成的，由中心的原子核和一直围绕原子核运动的电子组成。经过科学家们的进一步研究又发现，如果一个原子处于稳定状态，它内部的电子就会始终在一个区域里运动，如果它内部的电子在无限靠近原子核运动时，就会发出光。那个时候科学家们还不知道，这个运动过程其实可以为制作非常精密的钟表提供动力。

原子内部的电子不是始终如一地在一个固定区域运动，当原子在磁场中穿过时，原子内部的电子就会发出非常细微的震动，产生电磁波，这种震动非常均匀细微，以至我们认为它的震动间隔是一直不变的。科学家为此设计了一个精密的仪器来测量原子的震动，并利用这种震动来计时，这

一般的电子表走一年只会差两三秒

个仪器就是原子钟。原子钟是一种非常精确的计时工具，我们平时使用的钟表一年当中可能会差两三分钟，但是用铯原子制作的钟表 100 万年才会差 1 秒钟，可以说精确到了极致。所以，现在人们不会再为计时是否准确发愁了。

指南针和罗盘

古老的中国人早就知道了铁针与磁石接触会使铁针一直指向南北方。

公元 1000 年前，中国人就制作了一个方向标，把一个木人的手臂上安装一块磁铁和一个铁针，用来指示南北。不过那时的中国人不喜欢远行，而是过了半个世纪，阿拉伯人到了中国才发现了这种指示方向标的东西，他们把这种指南针带回自己的国家。欧洲人是在与阿拉伯的战争中知道的这个知识，他们十分好奇阿拉伯人手里拿的小针盒，就在打仗时抢夺过去回去研究。到了1300 ~ 1400 年间才开始有了真正的罗盘。达·伽马、哥伦布以及很多冒险家都因为手里的这个小盒子而勇敢地走向大洋探险。罗盘的出现为开拓新时代提供了动力。

沙漏和钟表使人们能够更准确地掌握时间，罗盘使人们无论在哪都不会迷失方向。在自然界中，太阳就是一个计时器，太阳、月亮和星星也是罗盘，人们可以观察太阳得知大概的时间和自己所处的位置。但是这些天然的参照物有一个弊

司南　指南针的鼻祖

地球磁场

端，如果遇到阴雨天或大雾天气就会迷失方向，也不知道时间的变化。而钟表解决了人类随时掌握精准时间的问题，罗盘则使人类无论在哪里都能知道自己的准确方向，磁针成为了一个冒险家身上的必备品，冒险家们的成功探险揭开了世界许多未知的秘密。

　　古代人最初不知道罗盘为什么会始终指向南北，后来才知道其实地球就是一个大磁场，磁铁相对地球来说磁力很弱，它的南北极被地球的磁场强力吸引。现在的航海罗盘已经进化得非常精密，每个船上都会有这样的罗盘，但是还有两种新型罗盘在这里必须要说到。一个是旋转罗盘。这个罗盘的工作原理与纺线时的纺锤和陀螺旋转的原理一样，都是一直在围绕着一个顶点运动。一个人纺线的话，他手里的纺锤始终会保持同一个倾斜度，旋转的陀螺也一样，旋转罗盘就是利用这一原理，无论你在哪个方向，它的轴线始终指向同一个方向。无论你怎样旋转罗盘，或者你载着它走多少弯路，甚至是转到山的另一边，它的轴线永远指着北方不会改变，不用担心受到磁力而偏转方向，而早期的普通罗盘的磁针就很有可能会因受到其他磁力的影响发生偏离。

在哥伦布发现新大陆的时候就已经发现，罗盘指向的南北方，与实际的南北有一点偏差，因为地球的磁极不是在南北极点上，地球的北磁极与北极点相差约1000英里，在加拿大的巴瑟斯特岛，所以罗盘指引的方向并不是真正的南方与北方，而是出现了一点小小的偏差。

另一个新型的罗盘就是无线电罗盘。在人们发明无线电以后，可以不用电线就能相隔很远进行交流，从而确定自己在海上的确切位置。无线电罗盘可以通过向外发出信号从而确定船距海岸的距离。每个港口都设有无线电接收站，在海上发出讯号后，会从各个港口的讯号站各回应一个讯号，以这两个讯号点为顶点，再以船的位置为顶点在航海图上画出一个三角形，从而知道自己的确切位置。生活在陆地上的人几乎看不

指南针

航海计时罗盘

懂航海图，但是我们知道人类之所以能在没有任何标记的大海上航行，是因为罗盘的功劳。有了罗盘，人类无论是在大海、天空或者是沙漠中都不会迷失方向。罗盘使人类第一次突破了空间的限制。

动力的来源

　　人类文明的巨大进步与火有着密切的关系。从钻木取火开始，人类社会就有了飞速发展。一直到大约 300 年前，火给人类带来了翻天覆地的变化。原始人用火只是简单地做饭、取暖、照明，后来，火还帮助人们完成了大量的、人类所无法完成的劳动。人类发明了一些机械代替人力，水车和风车就大大减轻了体力劳动。不过人类在相当长的一段时期内都是靠自身体力和牲畜的力量去完成劳动的，所以，现在机器的功率仍然叫作"马力"。

　　人类真正开始大规模利用火是从 250 年前用燃料做动力带动轮子转动开始的。人类使用的第一个用燃料做动力的机器就是蒸汽机，蒸汽机的工作原理是通过燃料燃烧产生热能带动轮子转动。蒸汽机的出现标志着人类进入了机械化时代，燃料从此也成为了动力的来源，即能源。

瓦特与蒸汽机

詹姆斯·瓦特，苏格兰人，从小因体弱多病，一直没有去学校念过书，都是父母在家教他学习。瓦特很爱学习，6岁时大脑的智力就远远高于同龄孩子。他从不贪玩，虽然每天不用按时去学校，完全可以到外面去玩，但他几乎天天呆在家里，琢磨一些感兴趣的东西。当邻居们都以为瓦特在家荒废学业时，瓦特的爸爸总是把他们带到家里，让他们看看小瓦特究竟在做些什么。

一个6岁的小男孩就已经会解几何题了，这让所有人都惊讶不已。在他12岁的时候，一天和姑妈在壁炉前烤火，姑妈终于忍不住了，开始训斥他："瓦特，你已经坐在这里发呆很长时间了，这么长时间你能记住很多单词，一个破烧水壶有什么可研究的，来来回回摆弄个没完没了，你不能这样白白浪费时间。"此刻的小瓦特似乎并没有听见姑妈的训斥声，而是在大脑中努力构筑着蒸汽机的原型。

瓦 特

从人类开始使用火就与动物有了本质区别，人们通过对火的使用征服了世界。而燃料的使用使人类真正从沉重的体力劳动中解放出来，人类开始了机械化时代，慢慢代替了手工业。蒸汽机的出现真正改变了世界，给人类提供了巨大的帮助。我们应该感激詹姆斯·瓦特，是他使人类的文明有了质的飞越。

18、19世纪时出现过很多发明家，这些发明家小时候大都被家长训斥过，他们的一些古怪发明与想法都不曾被人理解，甚至被人嘲笑，可是往往这些大胆的看似不切实际的想法，在经过实践之后，都成为了现实。在这些发明家的父母中，瓦特的父亲是比较特别的一个人。他从不因为瓦特的某些想法而训斥他，而是加以鼓励，或者是默默观察，或者是尽量满足孩子提出的条件。他看到小瓦特非常喜欢用工具做一些奇特的东西，就把自己的工具拿给他玩。瓦特拿到这些工具如获至宝，去拆装一些东西，他能很快地把东西拆开，又能很快原原本本地装成最初的样子。他还用这些工具做了一个小电机，这个小电机能够产生火花，这对孩子来说是一件非常有趣的事，他拿这个小电机和小朋友一起玩。小瓦特虽然没有进过学校，没有接受过正规系统的教育，但他对物理和化学非常有天赋，这两门学科都是他在家里自学的。

　　1755 年，瓦特已经 19 岁了。当时他在伦敦给一个仪器制造专家当助手，学到了很多经验，这个专家是专门制造精密航海罗盘和经纬仪的，这种仪器非常

瓦特蒸汽机

精确，不能有丝毫误差。在协助专家制造仪器的过程中，瓦特学到了很多东西。一年后，瓦特想自己建立一个小作坊，不过那时他还只是一个学徒，没有资格独立制造仪器。不过，他很幸运，当时的格拉斯大学答应可以在大学内部建立一个小车间，让他专门给这所学校制造一些特殊仪器，而且他还负责看管学校的仪器室，这间仪器室里都是一些精密的科学仪器。他终于有了可以展示自己才华的空间了，他为此兴奋不已。

瓦特每天都仔细检查和研究这些仪器，并仔细研究它们的工作原理。他对那个原始蒸汽机的模型非常感兴趣，这个最早的蒸汽机是托马斯·尼克曼和托马斯·塞弗瑞发明的，在1711年申请了专利。这个蒸汽机最早的用途是把煤层中的水抽出来，这也是人类历史上第一台商用蒸汽机。蒸汽机的工作原理是利用热能推动活塞产生动能，这个机器可以有效解决人力所无法完成的工作，不过这个机器有很多弊端。瓦特仔细检修这台机器。他很快就发现了这台机器的缺点。机器正常运转必须得有足够的蒸汽，他发现蒸发室里的水刚倒入几分钟就没有了，这时热量不够，蒸汽就又冷凝成水，然后再把水加热成蒸汽，反复下来，浪费了很多燃料，而实际获得的蒸汽却很少。蒸汽机产生的推动力和烧水时茶壶里的动力一样，必须有足够的蒸汽才能产生很大的推动力。瓦特发现这种老式蒸汽机其实有一个非常明显的缺点，就是它抽水和冷却都在主缸里。当蒸汽进入主缸后，其中有一部分蒸汽会因为与旁边的冷水缸接触而降低温度，所以蒸汽很快就会没有了，其实只有一小部分蒸汽起到了推动作用。瓦特想到了一个好主意，如果缸体能始终保持热量不变，不就可以有更多的蒸汽参与到推动力中了吗？怎么能让缸体的温度保持不变呢？经过了很长时间的思考，瓦特终于想到了一个好办法。他在主缸外面制造一个单独的冷凝器，让蒸汽在缸外冷凝，这两个缸之间用一个短管连接起来就可以了。想到这里，他赶快跑回车间去开始造一个这样的冷凝器模型。蒸汽机因为有了独立的冷凝器而产生了巨大的推动力，这一创举成为了对蒸汽机最伟大的贡献。1769年，瓦特制造出了世界上第一台真正的蒸汽机，同时申请了专利。这台蒸汽机中的蒸汽完全没有浪费，几乎全部转化为了动能。

蒸汽机不光用于煤层的抽水，还可以带动矿山的其他轮子转动。至此，人类才真正进入了现代化工业阶段，世界上没有一项发明比蒸汽机的发明贡献更大。瓦特把人类社会带入了现代化工业时期，从此，机械工业真正取代了手工业。

蒸汽机车的发明

蒸汽机最开始主要用于抽煤层里的水，后来一个煤矿工乔治·斯蒂芬森研究出一种可以代替骡马拉煤的蒸汽机。乔治平时喜欢研究各种机器，工作之余的大部分时间不是研究一些零部件，就是学习一些机器方面的知识。他在一个小村子里读夜校，为的是能够懂得更多机器方面的知识。他构想着能有一台可以代替人力的机车，一次能够拉 20 吨煤，并且能够以每小时 10 英里的速度前进。

乔治·斯蒂芬森，英国发明家

在詹姆斯·瓦特对蒸汽机作进一步改进的时候，英格兰已经有了车轨道，从 16 世纪开始，车轨道就已经从煤矿直通港口了。那些运煤车把轨道压出了轧痕，后来又在轧痕上铺上一块木板，这样煤车可以走得快点，再后来又把两条木板之间连上横条，这样就可以把木板固定在一个相同的宽度上，这就是最初的铁路枕木，不过木头长时间在外面很容易腐烂，又用铁条代替了木板，而拉煤车是木轮，木轮和铁条长时间摩擦，木轮磨损很快，由此到了 18 世纪就又有了铁车轮。

1789 年，威廉姆·吉索普发明了有边的铁轮，这样就可以防止车轮滑出铁轨。虽然对车轨与车轮进行了不断的完善，但拉煤车的动力来源一直是骡马。随着各方面条件的具备，当务之急就是缺一个能够自己驱动的机车，如果发明了机车，

火车先驱"轰
隆四轮车"

不但能够代替骡马，而且这条铁路就是一条非常完美的铁路了。此时，迫切需
要蒸汽机车的出现。

理查德·特里维西克（1771～1833年），最早发明了现代机车，他是最早
把蒸汽机安上四个轮子的人。1804年的时候，他制造了一台真正能在铁轨上运
行的蒸汽机车，这个机车可以拉20吨煤，因为这台机车的噪声非常大，因此被
人们戏称为"轰隆四轮车"。后来，特里维西克又制造了一台小型的客车，人
们可以坐在客车上欣赏一路的风景，这台小客车在伦敦的圆型机车轨道上喘着
粗气运行。乔治·斯蒂芬森是在特里西维克之后发明拉煤蒸汽机的。斯蒂芬森没
有接受过正规的学校教育，但是他有着天才的头脑，因为对机器的爱好，他一
直在业余时间努力钻研这方面的知识。他终于争取到一次难得的机会，给煤矿
造一台机器。最初从煤矿到港口用的是8辆连在一起的四轮车，最前面用几匹
马拉。从煤矿到港口有9英里，必须得有一个人在最前面骑着马开道，以引导
马匹沿着一定的方向跑，并确保轨道沿线的畅通和安全。引路人的工作看似轻松，

实则有很大的危险，他必须得时刻注意后面的马匹追上自己，所以，他要边开道，边注意后面马车的情况。不过用牲畜确实比用蒸汽机便宜多了。一直到1821年，才诞生了真正的煤车。这是一个34节的小四轮机车，它的牵引力大到可以拉动几十吨的煤在轨道上行驶。

可能有很多人早就预言过蒸汽一定会成为人类未来交通工具的动力，不过要想改变人们千百年来的落后思想并非易事。任何一个改革创新都需要经历重重阻力才能实现。制造蒸汽机车也是如此，当时有人提议要造一台这样的机车，到处听到的都是反对声。尤其是那些拥有海岸轨道的人和隧道公司，他们绝不希望建造一条蒸汽车铁路线，这样会给他们带来极大的损失。而且一些地主也反对这样嘈杂的机车穿过他们安静的庄园。不过，反对声对于斯蒂芬森毫无影响，他一直坚信自己的蒸汽机车必然会诞生在这个世上。他与铁路当局签署了建造合同，负责建造从利物浦直达曼彻斯特的铁路。其实铁路当局对建造这样的铁路一直持怀疑态度，不过他们最终还是被斯蒂芬森说服了。最后，老板们出500英镑的奖励，鼓励人们发明蒸汽机车。这种蒸汽机车建造起来很繁琐，而且难度很大，不过这些对于斯蒂芬森来说都不会成为阻力，他天生喜欢挑战，他和儿子罗伯特开始制造"火箭"号了。

在1829年10月的比赛中，"火箭"号超越了其他挑战者，蒸汽机车至此才被人们所熟识。

1829 年 10 月 7 日是值得纪念的日子，这天一共制造完毕四台机车，而且这四台机车要为大家展示自己的力量。这四台机车的名字分别叫作"奇异"号、"桑斯伯瑞"号、"毅力"号和"火箭"号。不过在比赛还未开始前，"奇异"号和"桑斯伯瑞"号都出现了问题。"奇异"号的风箱出了问题；"桑斯伯瑞"号的锅炉也出了问题，它们两个只能退出比赛了。这让参观的人很扫兴，不过斯蒂芬森的"火箭"号让人们看到了科学的力量。"火箭"号拉着一个可以乘载 36 人的客车车厢在轨道上飞奔，运行速度是每小时 67 ~ 77 千米，这个速度让所有人都吃惊，最终"火箭"号胜利了。斯蒂芬森赢得了比赛，得到了奖金。

"火箭"号蒸汽机车外形就像一个装牛奶的四轮车，前面还装有一个小烟囱，比现代机车要小很多，不过它开创了现代机车的先河。乔治·斯蒂芬森制造的"火箭"号成功地实现了客货运输，此后，蒸汽机车成为人们日常出行的交通工具。1831 年时，美国又传来了振奋人心的消息，美国人在英国机车模型的基础上制造了一台"德·韦特·克森顿"号蒸汽机车，这台机车拉动一列车厢在莫华科 - 胡德森铁路上一路飞奔，至今仍可以在图书馆查到有关那次的旅行的记载。

"德·韦特·克森顿"号蒸汽机车的出现，招来了全国各地的人，他们纷纷

早期的火车

想体验一下这种旅行的感觉。但是因为这列客车只有5节车厢，所以只能有一小部分人可以买到车票，车票以公开的形式发售，并请了"运输部长"约翰·克莱克亲自检票。当时这列车的车厢和当时的马车车厢一样，等乘客们在座位上坐好之后，克莱克穿过一节桶状锅炉的车厢，在自己的位置上坐稳，吹响小喇叭，发号命令，坐在最前面方向盘旁边的工程师达夫·马瑟斯韦听到号令后迅速启动机车。列车启动时，车身强烈震动，乘客们一个个东倒西歪，这次旅行在剧烈的震颤中开始了。

"德·韦特·克森顿"号蒸汽机使用的燃料是无烟煤加上油松，所以，乘客们的身上都落了一层煤灰。同时，列车在行驶过程中要不断地烧煤，才能保证动力供应充足，所以列车在飞驰的时候会溅出很多火花。车上的人却丝毫不介意，只是不断地拍打着身上的火星，有的乘客甚至用伞挡着，伞面都被火花烧出了很多洞。而且每节车厢之间的连接处因为连得太松，导致每个车厢都剧烈晃动，车上的乘客几乎不能在自己的座位上稳稳地坐上一秒钟，即使这样，乘客们也不感到后悔，他们反而觉得太刺激、太伟大了。这列机车跑完全程26千米的里程，花了46分钟。有位绅士在坐车之前曾想，能不能在车上写上几个字，或者画一条直线什么的，现在看来是不可能的。因为车厢根本就没有一秒钟不是在剧烈地振动。列车平安到达终点，迎来了一片鞭炮齐鸣，然后是各类官员就此发表演说。"德·韦特·克森顿"号的这次成功旅行的消息，迅速传遍了整个美国，从此，蒸汽机开始为美国的铁路业发展提供动力。它的成功取决于先辈发明家的努力，正是先辈们不断完善了蒸汽机车，才有了"德·韦特·克森顿"号的成功。

煤的伟大作用

猎人尼古拉斯·阿兰，出生于美国革命前的宾夕法尼亚。他每天都去野外打猎，有一天，他去打猎的地方离家里太远了，天已经黑了，他决定在外面露宿一晚，等天亮再回家。于是，他点起一堆篝火，烤起了肉。吃完后，他就倒在火堆旁睡着了。不知睡了多长时间，他忽然感觉浑身滚烫，睁开眼睛一看，四周通亮，他吓坏了，迷迷糊糊地换了一个地方又睡着了。第二天醒来时，他跑到原来的地方去看：原来是木材把一块煤石燃着了，所以整个石头都热起来了。

其实，那时候很多人都已经知道了煤的用途，而且有些人还知道哪些地方可以找到煤矿。不过，那时候几乎所有的人都还是用木材烧火，很少有人用煤，尼古拉斯·阿兰知道这些煤的燃烧效果要远比木头强，完全可以替代木头，而且比木头要便宜很多。

早在公元 1000 年前，中国人和古罗马人就已经知道了煤的作用，学会了用煤来做燃料。他们最初觉得很惊讶：为什么这种黑色的石块可以燃烧呢？但从历史来看，他们并没有大面积地去开采煤矿，如果那时人类就知道开采煤的话，

煤矿

蒸汽机需要煤来运转，没有煤，它寸步难行

我们的社会会更进步一些。采煤不是一般的体力可以完成的，所以很多人宁愿去砍柴，也不愿费很大的劲去挖煤。

世界上最先开始重视煤的国家应该是英格兰。在15、16世纪的时候，英格兰的国内几乎没有太多的森林可以供人们砍伐，在树木被砍光之前，他们必须，找到一种燃料去代替木头。当英格兰人知道煤也可以燃烧时，开始大量开采地下的煤矿。而开采煤矿那时主要靠人力和牲畜。靠这点力气挖出的煤只能勉强够人们取暖，而且在挖煤过程中会不断有水渗出，又得需要人不断地往外淘水，十分耗费体力。这个时候蒸汽机便应运而生了，第一台蒸汽机就是用于煤矿抽水。

无烟煤

原煤

在采集煤矿时有了蒸汽机的帮助，大大提高了开采量，产出了上万吨煤，足够整个国家取暖，还有很多煤可以作为燃料来给蒸汽机提供能量。人类最伟大的时刻也就在此刻出现了，煤的燃烧为蒸汽机提供了足够多的动能。煤的出现使蒸汽机的角色大大改变，蒸汽机不再是单纯的煤层抽水机，还可以在工业生产上大显身手，从根本上解决了人类凡事都要靠体力的现状，让人类真正从繁重的体力劳动中解脱出来，实现了人类社会的巨大飞越。从1830年至今，很多机器的运转仍然是靠煤来作燃料。

　　如果没有煤作为燃料，蒸汽机再先进，也只过是一堆废铁；如果没有发现煤，就不会有工业革命。英国是最早开始开采煤的国家，所以英国的工业化早于其他国家有半个世纪之多。1851年，英国在伦敦举行的世界博览会上被评为世界生产中心，这都是煤的功劳。

第**7**章

跨越时空的故事

1799 年，法国的一支军队驻扎在一个小要塞上，这个要塞与亚历山大港很近，在罗塞塔的河边，这条河可以通往埃及尼罗河。这支军队的一名军官喜欢研究古埃及文化，正巧在他的驻地有许多历史遗迹。他见过斯芬克斯和金字塔，在很古老的时代这两座建筑就已经存在了。他在罗塞塔河边的古代废墟中发现一些雕刻，这些雕刻上刻着一些动物和人物的僵硬的直线，在被泥土掩埋的柱子和石板上面刻有许多奇怪的文字，没有人认识这些文字，这些奇怪的文字深深吸引了这名军官，他想读懂这些遗留千年的历史记录。那些古人们不会想到，有一天他们的住所成了废墟，而自己生活的历史几乎没有人知道，更没有人能读懂他们给后代留下的记录。

一天，部队在挖新战壕时，挖到了一块黑色石板。而这名军官竟然认识黑石板上写的字，上面的有些语言是希腊语，他在学校时学过希腊语。这块黑石板上还有其他的文字，它与地中海沿岸曾经出土的数以千计的同类文物基本上差不多。这些石板上，在希腊文的下面还刻有两种古埃及文字，石板上刻有三种文字：一种是希腊语言，另外两种暂时没有人能读懂。我们很容易猜到，这三种文字其实描述的是同一件事。如果你细心地观察就会发现，在一些车站或某个旅游点的标识牌上，有时会用几种不同的文字来指示同一事物，你能通过自己的母语知道另外的几种语言其实说的都是同一个意思，这名法国军官也一样。他发现每段希腊语下面都有两种不同的文字记录，他知道如果这些文字说的是同一个事情，那么用希腊语就可以解开这两种文字的意思。他把这块石板小心地收藏起来，并把它转交给了研究古埃及石刻的学者。

1802 年，法国教授查普林对这些文字进行了深入的研究，他试图用希腊文来解读古埃及的象形文字，查普林整整用了 20 年的时间研究这块石头，最终揭开了谜底。对于这些奇怪的文字语言，有的学者花了 2 年时间才读懂 2 个字，所以也就不再继续研究了。但查普林一直到把这些文字都弄懂，直到 1823 年，他才向全世界的学术界公布，对于这种古代文字，他已经知道了其中 14 个字的意义。他用了 20 年的时间研究这 14 个古文字，在研究这 14 个古文字的过程中，他发现了古埃及文字的秘密，而且知道了这些符号的书写原则，更进一步知道了那些基本符号在经过不同组合之后所表述的意思。罗塞塔之石解开了所有古埃及文字的秘密，也使人们对生活在几千年前的古埃及人有了一些了解。

罗塞塔之石

现在陈列在大英博物馆中的罗塞塔之石，帮助我们了解了 6000 年前的世界，以及那个时代人们的衣食住行等生活，他们的生活随着家庭成员以及朋友死去，都消失了，但是我们可以通过他们在石头上留下的记号知道他们的存在，也了解了他们过去的生活状况。

文字可以跨越时空，通过文字我们可以了解到生活在不同时代人的生活。在古代，人们通过长跑或者快马加鞭传递消息给他经过的每个城市，《荷马史诗》靠人们的口口相传流传至今，现在我们把它印刷成书籍传播到世界各地，我们今天写下的文字，立即就可以被千里以外的人读到。文字和印刷术使人能够跨越时间和空间，我们来看看这门艺术的发展历程。

象形文字的出现

一个人如果不会用字母描述一个故事，那么他可能会把他画出来。他或许想讲述一个人在森林中狩猎，他可能会画一个人的模样；假如他要坐船去森林中，那么他会画一个人坐在船中，再画一些树木，再一一画出他所见到的野兽；如果天上下雨了就画一个半弧，再画上几个雨滴；如果想描述是在早上发生的事，就画一个初升的太阳，如果傍晚就画一个落日，夜晚用月亮和星星表示，一个人可以用图画叙述一个完整的故事，只要我们肯下功夫去研究。

所有早期的人类几乎都是用图画来表述自己的经历。最早那些想记录事情的人都用自己习惯的方式画图，在不断的画图中，就用一些固定的图画来表示固定事物，一些动物以及自然界的现象等都有固定的图案。但不是所有的事情都能画出来，而且把想说的每个词都完整地画出来实在

玛雅象形文字

埃及象形文字

是太费劲了，所以又产生了一些固定的缩短图来表示某件事，或某句话。在研究罗塞塔之石的时候，上面有一个图形可以让专家们很容易理解是什么意思，国王的名字通常会有方形或长方形或椭圆形的边框。学者们通过进一步观察发现，古埃及的任何时期的文字中都有带边框的，那么这些带边框的文字应该就是国王和王后的名字，因为古埃及的文字中大多记载的都是国王的事迹，所以可以通过边框里的字确定国王的姓名。

还有一种方法是两个同音词，又用同一个图画表示。使用同样的象形画来表示这两个词，比如英语中，想表达蜜蜂（bee）的时候，可以画一个小蜜蜂的图案，但是英语"蜜蜂"的发音和 be 动词都发"bi"的读音，所以，表示"我是在庙中"时，画上一个小蜜蜂代表"是"。现在，仍然有很多文字用这种方式来表达不同的意义，中国的象形文字中就有很多字可以表达多种意思，叫做多义字。

这种象形文字中的符号，普通人永远都学不会怎样去创造，所以才会有一些专门从事某种文字工作的学者，比如，刻写者、祭司等。他们把自己的一生都献给了读写和发展象形文字上。一个法国学者用了 20 年才读懂 14 个象形文字，这是不是让你很不解？但是这些象形符号已经不能用单纯的图画形状来读懂，它们已经变成了能够表达独立意义的真正符号。地球上的任何文字都没有象形字有趣，尽管这种文字非常原始。一个原始人用图画表示出他的所见所闻，我们可以很轻松地读懂，但是，当画图逐渐演变成一系列符号时，基本上无人能看得懂了。

希腊文与第一个字母表

当人类不再使用象形文字，而是用一种在生活中积累下来的书写形式时，这种书写形式打破了单个单词，并分解为具有名称或符号的音节，这一突破意义重大，是一个巨大的进步。最初的人们没有想到过要把词分解开，要想表达出一个词，就必须用图像画出要表达它的所有东西，"水"用弯曲的波浪线表示；"走"用两条向同一方向迈进的腿表示；"回"则用向相反方向迈进的两条腿来表示。后来又出现了同音的象形文字可以表达出不同的意义，例如用蜜蜂"bee"可以表示同音动词"be"，通过上下文的语境就可以知道这个图在这里表示的是什么意思。后来，早期的人们就把几个图像连起来表达一个比较

腓尼基人字母表

长的词或句，最终，单词被分解成了音节，并且又发明了与这些音节类似的字母，只有所有的单词都有了同类音节，才能完成拼写。

也许最早的字母表是古埃及人发明的，即使他们是最早开始使用字母的，但也没有给人类做出太大的贡献，因为埃及人几乎不出远门。真正推动字母发展的人是那些坐船去各地做生意的商人，他们把这种具有分离的读音和字母的书写理念带到了希腊，字母是希腊人发明的，这些希腊文"Alpha Beta Delta"有些人可能会认识，我们现在的 26 个字母体系，最终还是中世纪的希腊人完善的。

如果没有发明印刷术，字母永远都不会像现在这样简单，容易辨认，并且具有统一的格式。在印刷的过程中规范了字母，统一了形状，任何人不得随意书写成另一个样子，不能随意加上小点或倒着写。

纸的出现

如果一个人被迫到了一个落后的岛上，为了生存下去，他必须开始新的生活，在没有劳动工具，什么都没有的情况下，他必须自己动手去做，比如填饱肚子、取暖、做一个简单的工具、建造房屋、等等。总之，他会尽一切努力去获得和生活必需品相近的东西。即使我们真遇到了这种事，我们知道自己需要什么，也知道怎么把这些东西造出来，即使不能造出来，也在头脑中有个具体的图像。而那些生活在公元前 1900 年的人们，他们脑子里是不会对任何所想的东西有明确图像的。今天我们最常见的东西，在古埃及和古巴比伦是做梦也不会想到的。就从文字的例子来看，你或许感到很奇怪，在真正的字母表发明出来以前，为什么人类一直都处在一个空白期，没有提前发明这些字母呢？也许那些古代人当时没有可以书写的东西，而且不知道写在哪里可以一直保存下来。直到十字军时期，欧洲才出现了纸，到了中世纪才有了那种一札札的手抄书，耶稣时代的书还不能算上是真正的书，而是一卷卷的卷轴。

象形文字一般都是写在石头上。有些早期的洞穴人类把文字画在洞穴岩壁上，没有风雨的拍打，我们今天还能看到。洞穴内的图画和象形文字可以直接书写在岩壁上，而洞外的就得刻在石头上，所以才会出现那么多罗塞塔之石。

可能在古时候有个特别的一天，一个人随手拿起一个东西写下了一个消息，可能是因为这个消息十分紧急，他就在身边随手拿了个东西，可能是一个干草杆，或者是一个湿棍子或是炭灰洒上去的，这就是一种最原始的传达信息的方式，看消息的人一下就能明白其中的意思。埃及纸草纸在当时最能派上用场，是能在上面书写的最好物品。它是一种湿地植物，把它裁成薄薄的长条，然后像织席子那样交叉着织起

中国的甲骨文

来，最后再把它们尽量压得平坦一些。这种纸草纸和我们今天的粗包装纸有些类似，但是它不结实，容易破损。古代埃及和地中海地区的其他国家都用这种纸草纸记录文字。有些纸草纸一直保存到了今天。

下面要讲一个故事：古老的亚洲曾经有一个城市波歌马，繁荣一时。公元前197至公元前158年，波歌马的统治者是伊尤曼斯二世，他想建一个像亚历山大的托勒密图书馆那样的藏书处。当时波歌马的挂毯、陶器和工艺品制造都十分出色，伊尤曼斯二世希望自己城市的书籍也要超过其他城市。但

是他的邻居埃及国王可不希望这样，这两个国家曾因为领土发生过战争。当埃及国王听说他的对手想建一个大图书馆时，便下令禁止出口纸草纸给波歌马，而且任何商人和普通公众都不得向外出售纸草。因为只有埃及才生长纸草这种植物，伊尤曼斯只能暂时先停止他的计划。不过，还可以在其他材料上面写字。一些牧羊人和商人，甚至有些学者都用羊皮记录过东西。伊尤曼斯把那些粗糙的羊皮稍稍做了改进，就出现了最早的羊皮纸。最初称这种羊皮纸为"波哥曼姆"，意思是"波哥马产物"，说明了羊皮纸的生产城市。伊尤曼斯的图书馆里整整有20万卷写在羊皮纸上的卷轴。从那之后，有近千年，甚至更长的时间，人们都在羊皮纸上记录文稿和土地契约。大学毕业证在英语中通常被叫做"羊皮"，就是因为许多世纪以来文件都是印刷或手写在羊皮、小牛皮或其他的羊皮纸上。

因为羊皮、牛皮、羊皮纸以及纸草纸的价格十分昂贵，所以只把最重要的

埃及纸莎草工艺

信息和事件写在上面。还有许多其他的记录方法，古希腊人使用石蜡板，写完后再消融掉可以反复使用，希腊和古罗马人也曾使用牡蛎壳和陶板，许多年后才出现真正的纸。

塘漂竹斩

古老的中国最先懂得造纸术

公元 751 年，阿拉伯人扩张领土进入中国境内，古老的中国当时战乱频繁，阿拉伯人占领城市消那克时，俘房了一些中国士兵，这些士兵懂得造纸技术，他们成了阿拉伯人造纸的老师。随后，阿拉伯人占领的所有区域都学会了造纸术，大马士革成为了造纸中心。现在，有许多流传下来的文稿是 9 世纪时阿拉伯人写的。造纸技术能够广泛传播得益于战争和征服。阿拉伯人从俘房的中国人那里学会了造纸，12 世纪时，西班牙人征服了摩尔人，第二次十字军东征时造纸术又传到了意大利，公元 1150 年，意大利城市法比亚诺建造了欧洲最早的造纸厂。

造纸其实就是利用植物纤维做成的纸，埃及人把纸草秆压在一起，纸和纸草纸的区别在于，纸是把植物纤维打成纸浆制成了纸张。中国人很早就已经知道用桑树的内皮做原料可以制成纸，我们现在用的纸也是用同样的材料制成的。一直到 19 世纪，人们还是依靠手工造出一张张的纸，后来，法国发明家制造了一台造纸机器，用这台机器造出的来的纸可以连成一大片，几乎永远都不会断。到了现代，造纸工艺几乎达到了顶级，但是纸的原料仍然没有改变，不管是草浆还是木浆，都和古代中国人用桑树纤维制浆的方法一样。

发明印刷术

因为人类对书籍的要求，所以出现了印刷术。

15世纪，世界上的战乱开始平息，人们开始重视学习知识。在罗马帝国衰落时期，古老的埃及、阿拉伯和巴比伦文化甚至古罗马和希腊的文化都基本上已经失传，人们讨厌战争，学者代替了修道士，绘画、雕塑和文学开始大繁荣。各地也纷纷建立了大学，学者和学生们渴望学习和研究知识，想知道有学问的人都写些什么，以及这些人在过去有过什么样文献；而且他们希望不用每次去教堂阅读那唯一的《圣经》手抄本，可以在家里就知道这本书里都写了些什么。那本手抄《圣经》曾花了很多年的时间，很多人的心血，所以十分珍贵，必须锁起来以防被盗。大家需要书籍，需要在书籍中学习知识，了解世界，当人类十分迫切地需要某种东西时，就会有一个聪明人站出来帮助大家实现愿望，所以印刷术就诞生了。

罗马人会制造模具，整个中世纪的官方文件都是用刻制木块或铁块的方法印出来的，在14世纪时有一种印刷形式叫做"xylography"，源自希腊语"xylon"，意思是"木头"或图案的书写。把一个木块上刻上字母或图案，再在这个木块上涂上墨水，然后覆上羊皮纸，或是牛皮纸，用力压印，这就是"刻版书"。每个书页都有一个单独的刻版，这种刻版书其实更像是画书，因为图画刻在木板上更容易些，所以称最

近代印刷发明人谷登堡

早的书籍为"木刻"。用这种方式印刷，每页都必须单独刻版，这种印刷方式成本太高了，不过，它比用手抄还是要快得多，当刻成一个版后，成千页相同的稿件很快就会印刷出来。

大约在1440～1450年间，又有了新的想法产生，把刻版制成单个字母，并用框条把它们排列起来就能得到单词，这就是印刷机的雏形。1440～1450年间，德国的约翰内斯·谷登堡（Johannes Gutenberg，1398～1468）和荷兰的皮尔·卡斯特都曾使用活版印刷书。

谷登堡是一个雕刻师，一般人认为，他是印刷术的发明者，他从过去那些优美的手稿中复制出字母，把这些字母刻在金属上，就有了一系列的金属字模。第一个活版印刷出的书是著名的谷登堡圣经，这本1282页的美丽书卷和现代技术印刷出的书籍几乎一样完美。

我们对谷登堡几乎一无所知，没有关于他的相关记录。在法国的一份手稿文件中可以看到一件趣事，其中写到了法王希望能得到新的印刷技术，而且在他窃取到这种机密后迅速开始了这种印刷。这份文件中提到，在1458年10月3日，法王查理七世已经知道了谷登堡生活在德国的梅因斯，知道他在雕刻和制造字母印模方面技艺超群，是"金属模具印刷的带头人"。因此，查理七世派手下秘密前往梅因斯，获取这项发明的情报。从这份文件中可以得知，谷登堡活版印刷术在1458年之前就已经传出了德国，又过了25年，欧洲所有重要城市都有了印刷中心。

我们已经知道了印刷是如何影响这个世界的，读了最早的英语印刷者威廉

谷登堡查看印刷的书稿

姆·卡克斯顿的一段话你会觉得很有趣，这段话是他说给朋友们听的，印在他的第一卷书的末尾。卡克斯顿在比利时做了几年英国驻比利时大使，那几年中，他翻译了一部当时法国非常流行的传奇小说，并希望回到英国后把它作为礼物送给朋友们。我们可能认为是他自己或找人手工抄写，实际上却没有，下面你可以看到他充满歉意的话。

"这本书完成了，是我翻译的，现在，我的心情无比愉悦。因为要写很多本同样的东西，我的笔磨坏了，我的手累得已经抓不住笔了，我的眼睛也因为一直看着白纸而非常疲劳，时间过得飞快。为了能够让很多绅士和朋友们尽快见到我说的这本书，我尽最大的努力和代价去学习和实践你现在看到的这种印刷工艺，它不像其他书那样是用笔和墨水手抄的——每个人都能很快看到它，并且看到这本书的每一页……这就是你现在捧在手里的印刷品，它们只需一天的时间就可以把整本书全部印刷完毕。"

写下这样抱歉的话是为了不让朋友们认为他不愿意给每一个人手抄一本，除了歉意，这段礼貌言辞中也透露出他对印刷术的一种惊奇。印刷机的速度如此之快，可以在一天就能印刷完毕。他的朋友们可能不会想到卡克斯顿送给他们的这第一本印刷出来的书有着多么重大的意义，卡克斯顿自己也想象不到他的这个举动使他成为了世界上第一个英语印刷者。

1476 年，卡克斯顿回到英国，他用余生的时间印刷出版了 96 卷图书。

第8章

光

传说是上帝创造了天和地。世界最初是一片混沌，上帝把天和地分成了两部分。天和地分开以后，世界上就有了光，因为有了光的照射，地上才开始慢慢有了生物。因为光，万物开始生长，植物可以开花结果，人和动物也因为有光才能得以在地上生存。

第一缕人为的光线从人类使用火开始。有了火光，人类不再惧怕黑暗。早期居住在洞穴中的原始人在自己的洞里搭了一个架火的台子，他们利用火光来照亮黑暗的洞穴。

有一天，人类又发现了另一种方法可以产生光亮。可能一个猎手狩猎回来得比较晚，一家人都等着他回来吃肉，他急匆匆地把肉交给妻子，妻子把肉架起来开始烧烤，肉还没有完全熟，天就黑了下来，烤肉的烟使本来就不太亮的火光更

古代的灯

灯芯草的茎杆常被古
人用来制作油灯灯芯

暗了，洞穴里的光线十分微弱。这个时候，一块热油从烤的肉上掉入了火堆中，火苗一下子旺了起来，整个洞穴都被照亮了。以后他们就把石板坑中放上动物油点燃，这样全家就可以在亮光下舒适地享受晚餐。

以后，这些女人会尽量保存熊或羊等动物的脂肪，盛上一些放在贝壳里，在需要时点燃它照亮。有一天，有个人无意当中将一小片木头扔进了燃着的动物油中，由于木头浸在了油脂中，所以燃烧了很长时间。这片浸在油中的木头燃烧时冒的烟很少，而且比单独烧木头或是烧动物油燃烧的时间更长，这就是产生了最早的有灯芯的油灯。

直至现代之前，人们一直还用着带灯芯的油灯，在修建金字塔时使用的油灯和那些居住在洞穴中的原始人类使用的油灯基本上是一样的。古罗马的凯撒大帝在看军用地图时也是用同类的油灯，只不过他把贝壳换成了铁碗或陶碗，而灯芯用一种叫做"灯芯草"的湿地植物或是用亚麻纤维做成的，把它拧成线绳，灯碗上留有一个凹槽是放灯芯用的。古代的油灯基本上都是和我们今天在博物馆中看到的一样，全有一个凹槽，油灯上的火苗燃烧的时候，发出光亮并有一缕细烟不断冒出。

可能是腓尼基人自己发明了制蜡烛的工艺，或许是他们从其他的地方学来的，腓尼基人知道怎样可以把灯芯浸在一块热蜂蜡上，然后再冷却，不断地加热和冷却，最后制成一个粗糙的蜡烛。公元前500年至公元前400年间，就已经有了这样的蜡烛，

腓尼基人的蜂蜡蜡烛

随之又出现了用羊油和牛油制成的蜡烛。

从美国正式建立一直到 19 世纪中叶，主要用来照亮的工具一直是蜡烛和油灯，而且这些蜡烛和油灯做得非常漂亮。有些烛台是用水晶制成的，烛光可以把水晶照出五颜六色的七彩光。美国人用鲸油作为灯的主要燃料。虽然灯油的种类在不断变化，但是灯的基本结构从未改变，而且光线仍然那么暗。在费城接待乔治·华盛顿的仪式上，同时燃起了 2000 支蜡烛才使宴会厅显得格外亮。

自从发现了天然气并且可以从煤中提取可燃气体之后，人类发现了汽灯又一次开始寻找光明。当发明电灯之后，我们的夜晚便不再像以前那样昏暗，

汽灯又称瓦斯灯，
是 18 世纪初的照明工具

城市的夜晚也灯火通明。现代照明源自天才的头脑，人类在没有太阳光的照射时，通过自己聪明的大脑创造了光明。

利用人工照明征服黑暗，这仅仅是在探索光的奇妙之旅中的一个开始，在一系列的发明创造出现之后，如望远镜、显微镜、照片以及 X 射线发明出来之后，人类学会了利用太阳光和这些工具去揭示视觉之外的秘密，这些发明创造使光有了征服时间和空间的能力，光的一个重要伙伴——透明的玻璃，让人们看到了一个全新的世界。

望远镜

眼镜的使用历史比发明望远镜早 3 个世纪。人们透过一个有弧面的玻璃看物体，这个物体会比实际用眼睛见到时大一些，平面玻璃就没有这个功能。伽利略早就知道放大镜、透镜和眼镜的透镜原理。他最初可能没有想到过可以用这些东西去观察天空，虽然他早就对天文学十分感兴趣。

伽利略

汉斯·李波什是一个制作眼镜和透镜的荷兰工匠，他的床铺上摆着一个古怪的东西，有一次他把两个眼镜片都装在了一个管子上制成了这个怪东西，透过这个管子可以清晰地看到相邻教堂塔尖上的风标，不过看到的这个风标是倒立的。这个东西就是最早的望远镜，只不过从来没有人去注意过它。有一天，意大利的斯皮诺拉伯爵经过这家铺子，看到这个奇怪的东西觉得很有趣，就买了一个回去送给莫里斯亲王，亲王拿到这个东西之后，马上想到了可以把它用到军事上，在较远的距离侦查敌情，这样不容易被对方发现。

下面，我们继续讲伽利略。

他在给弟弟的一封信中这样写道："你大概听说了，两个月前这里有一件趣事，有个佛兰德人送给莫里斯亲王一副好眼镜，它可以使远处的物体变得很近，甚至可以看清楚两英里之外的人。我认为这就是透视规律在实际中的一个应用。我自己也制造了一个这样的东西，而且我制造出的这个东西比荷兰望远镜看得还要远，在威尼斯已经对这个好消息进行了报道。一星期前，亲王命令我去在众人面前展示这个望远镜。亲王和所有的议员都对此充满了好奇，许多年龄已经很大的绅士和议员们，也都争先恐后地爬上威尼斯最高的钟塔，观看海船入港的情景，在这个望远镜下可以清楚地看到海船入港，如果没有这个望远镜，即使再有两个小时也看不见海船入港。这个望远镜能看清80千米之外的东西，而且看起来就像是有8千米那么近。"

在第一时间听到荷兰的那个望远镜后，伽利略就开始日夜不停地思考望远镜的原理。后来，他也制成了一个望远镜，这个望镜看起来有点怪怪的，他把一组管子的两边分别夹上凸面的透镜和凹面的透镜，这个奇怪的东西可以把原有物体放大三倍，并且在人们的视线里是正立的。那时候，伽利略住所的人络绎不绝，成了威尼斯最引人注目的地方。每天都会有各地的人，甚至宫廷中的贵族以及远道而来的学者，都想亲眼看看他那个奇妙的管子。世界上没有哪项发明有如此大的吸引力。伽利略送给了意大利议员们一个这样的望远镜，伽利略在帕多瓦大学的薪水因此也变成了双倍，他在帕多瓦大学获得了终身职位。

　　伽利略是第一个把望远镜对准天空的人。在经过一系列的试验后，他制出了一个能把物体放大 30 倍的望远镜，当他把这样的望远镜对准天空时，标志着人类又增加了一项新学科——天文学。伽利略最先用望远镜观察的是月亮，望远镜中的月亮和人们平时描述的月亮简直就是两个模样，人们用肉眼看到的月亮，表面似乎很光滑，而实际上月亮的表面是高低不平的。更让他感到奇怪的是，他看到了比平时用肉眼看到的更多的星星，他还清楚地看到了原来银河是由星星组成的。但是没有人相信他的这些发现。

　　伽利略又相继有了一系列重大发现，他用望远镜观测木星的时候有了重大发现。伽利略生活的年代人们奉行地球中心说，人们都一直奉行亚里士多德和托勒密的理论，他们认为地球才是宇宙的中心，宇宙

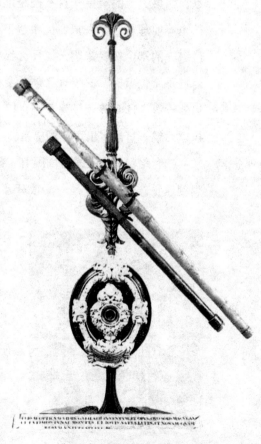

伽利略发明的望远镜

中的所有星体都围绕地球转动，太阳也不例外。在早于伽利略60年前，哥白尼曾提出过日心说，他认为太阳是宇宙的中心，地球和其他星体都围绕太阳转动。伽利略和那些日心说天文学家受到了老一辈天文学家的强烈反击，他们始终坚信地球中心说。伽利略曾因他的望远镜颇感自豪，但是从望远镜里看到的东西，给他带来了很多麻烦，这些麻烦超过了他以前遇到的所有麻烦。

1610年1月7日，伽利略在观察木星时，又有了新发现，他发现木星边上有3颗小星星，他记录下了它们的确切位置。第二天晚上再观察时，他发现木星跑到了3颗小星星的另一边，这一发现有力地推翻了那些老天文学家们的观点，如果天上的星星一直在围绕地球转动，就不会有这种情况发生。伽利略自己也不能解释这个现象，他希望下一个夜晚快点来临，他要仔细观察一下。不过等来的那个夜晚是阴天，什么都看不到。1月10日夜晚，当他再次把望远镜对准那个位置时，又发现了新的变化，这次只看到有两个星星并且还在木星的另外一边，11日晚上还是2颗，12日又变成了3颗，到了13日又变成了4颗，再以后就一直最多出现4颗星星。

伽利略观测到在木星周围有4颗星星在转动，就像月亮围绕地球转动一样，想到这里，他知道这是一个很有意义的发现。这再一次证明了他提出的月亮围绕地球转动的理论是正确的，他现在可以很肯定地说："我用我的望远镜证实了木星的4颗卫星是围绕它转动的，就像月亮围绕着地球转动一样。"这个新发现很难让人们相信。很多人认为是伽利略在望远镜上做了手脚，甚至有一些人从骨子里根本就不赞成这个理论，所以他们根本不去观察星空，他们说，即使是亲眼看到了木星的卫星，也不会相信它们的存在。

伽利略用望远镜证实日心说

天文学家开普勒作为新科学的伟大先锋之一，就没有公开反对这个新发现。他给伽利略写了一封信："我现在正躺在沙发里思考你卓越的言论。我刚刚听到关于你观察到木星有4颗卫星的新闻，我远道而来的朋友告诉了我，这个报告在大家看来很荒谬，不过它深深吸引了我（这个报告又被卷入了那个古老的纷争之中），他认为很好笑……我们两个一起大笑，笑得他几乎说不出话而我也笑到几乎不能继续听，但这并不能说明我不相信确实有4颗卫星的存在。我渴望也能拥有一个望远镜，能和你一起去探测木星的2颗、土星的6或8颗以及水星和金星的各1颗卫星。"一个伟大的科学家用一种敞开的心胸，对自己尚未证实的有关行星的理论表示了欢迎。

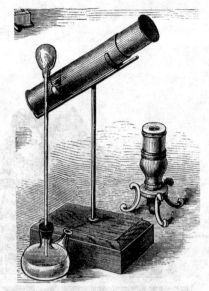

伽利略发明的显微镜

　　数年后，伽利略又发明了显微镜，它又把我们带到了用肉眼无法看到的微观世界。他在生命的最后几年里双目失明了，当时，他写信给朋友："阿拉斯……我通过神奇的发现和真实的证明，把这个地球，甚至是整个宇宙放大了数百倍，我所带给人们的远远超过从前那些智者们所知道的，从此以后，我钻入了微观世界。"

　　伽利略把这个世界放大到过去人们无法想象的范围，现在我们可以看到超过伽利略时代10万倍的图像，当然，所有的这些成就都是源于伽利略对望远镜的不断改进。

摄影术的发明

小孔成像

照片的英文单词来源于希腊词 photo 和 graphein。photo 是光线的意思，graphein 是"书写"的意思，照片就是一种"光线画"或者"光书法"。摄影 (photography) 一词早就有了，这个词是从光在照相机中的感光片上写下图案时被命名的。人们很早就已经会利用光线"写"和"画"图片。沙漠中的海市蜃楼就是用光线画的图画，有些旅行者在无垠的沙漠中看到前面有绿洲，结果无论怎么走都不能到达那里，就是因为光把遥远地方的景象折射了过来。镜子里照出的图像就是一种光线画，这种光线画跟摄影所用的不同。

这个故事中的许多名称都是希腊人命名的。照相机是他们最先发明并给它命名的。一台照相机就像一个"房子"，而摄影机的暗箱就是一间黑暗的房子。不知道你有没有见过在暗房子中形成的光线画，如果这个黑暗的房子上有一个小孔，阳光就会从这个小孔照进来，把外面的景象"写"到房子的对面墙上，不过这样的图像是倒立的。希腊人可能做过这种图像，但是这个原理已很久无人知道，直到中世纪才又有人重新发现。意大利哲学家波塔在发现这个原理时的兴奋劲胜过所有的伟大发明家，他认为他发现了所有人都不知道的秘密。波塔生活的年代比哥伦布早 100 年，他在那不勒斯建了一个暗房，人们从各地赶来，想看看那些"光线画的画，色彩逼真而且和实物一模一样"。通过墙上小孔打进的光线把物体反射到对面的白墙上形成图像，十分清晰，虽然图像是倒立的。波塔非常兴奋地向来访者展示他的图片，并且写了一本叫《自然魔力》的书。在书中他将产生这种效果的原理做了详尽的说明，这本书在欧洲被抢购一空，而且人们纷纷开始自己建造成像暗房。把玻璃球放在小孔中充当镜头可以使暗图像更清晰，后来把上面打孔的盒子取替了暗房，艺术家们带着这样的"照相机"去捕抓他们想画的东西，照相机能帮助他们"画"出和他们想要的一模一样的东西。

波塔、制造照相机和镜头的人都已经制造出了现代相机的盒子和镜头，而现在唯一需要的是用什么东西可以把投射进来的图像保存住，或直接能印出来，这种材料直到 200 年后化学家们才制造出来。

路易·达盖尔（Louis Daguerre，1787 ~ 1851）就找到了这样的表面材料。达盖尔在十八里戏剧院工作，他是那里的一个布景画家，他经常用摄影暗箱画布景。1824 年，他试着把照相机投射进来的图像固定住，在这方面前辈化学家和发明者几乎没有留下什么经验可循。曾经有一个科学家，把在显微镜下观察到的放大 150 倍的跳蚤图像成功地"固定"在了皮革表面，他用的这个表面材料是他妻子的羊皮手套。后来，他又用经过杨宁酸处理过的纸达到了同样的效果。

也有人在锡纸上"捉"住过图像，这些前辈的工作都有值得借鉴的地方。我们应该感谢那些英国和法国的摄影发明者，是他的不懈努力，才有了今天的相机。终于有一天，达盖尔成功地固定住了一张并不完整的图像，他欣喜若狂地宣称："我抓住光了，我终于能征服它了，将来我要让太阳为我画画！"

达盖尔相机

达盖尔为此做过多年试验，

他曾经同尼波斯一起做实验，尼波斯擅长在锡板上印制图像，把锡板经过某种化合物处理后能够留住光影，但是尼波斯还没有等到实验成功就去世了，他在这条路上走了 14 年，他离世时他们的实验离成功还很远。有一天，德古赫无意中将一把银钥匙放在了经过碘化处理的金属上，当他再拿起银钥匙时发现钥匙的图像印在了金属上，这个现象说明他在碘化方面的实验是对的。于是，他想用碘化银板来捕捉图像，他将银板放入照相机，但是得到的图像模糊不清，他有点失望。

由于银板价值昂贵，他做完实验就把银版放进了柜子。第二天，他又开始工作了，在打开柜子门的一刹那，他发现银板上原来模糊的钥匙影子变得非常清晰。是不是柜子中有某种化学物质参与了成像的工作，是哪种物质呢？

达盖尔每天都从柜子中取出一样东西，看看第二天底板上有没有清晰的图像产生，如果有，就说明那种神秘物质还在柜子中。他每天都期待着能从柜子中快点找出这种神秘物质。最后，柜子中只剩下了一个药水瓶，肯定就是它。为了证实是否准确，达盖尔将一个感过光的底板放入了空柜子中，第二天当他打开柜子时几乎不敢相信，那个底板跟前几次一样显示出了清晰的图像。这让他很疑惑，在仔细地检查了柜子的每个角落后，他发现柜子的夹板上有些残留的水银，水银挥发出的气体促使碘化银底板显示出清晰的图像。在揭示出这个秘密之后，达盖尔又欣喜若狂地喊道："我抓住了……我要让太阳为我画画。"

在 1839 年 8 月 10 日那天，法兰西艺术学院和法兰西科学院联合给达盖尔授予荣誉勋章。那天，大街上聚集了各界艺术家和学生们，他们等待当时法国最德高望重的科学家阿诺高出现。阿诺高宣布，德古赫成功地复制出人类第一张照片，我们从此可以通过光线在银板上留下图像，并且这种图像可以永久保存。

早期的摄影师都喜欢用"达盖尔型"这个名称来纪念他的发明者。在照相的原理公布后不到一个星期就传到了美国。塞缪尔·莫尔斯——电报的发明者，用这种摄影技术给自己的女儿拍了张照片，一个物理学家应用这种技术成功地拍下了教堂和一张肖像，"达盖尔型"开始普及。但是想要为自己留影不是一件容易的事儿，留影的人必须在明亮的阳光下一动不动地坐 20 分钟，等待影像慢慢地刻画在金属板上。摄影师在打开照相机后，就可以坐到一边慢慢地喝茶，等够 20 分钟了再去关掉照相机。

今天的快速摄影、彩色照片和电影里移动的画面，或是电信传发的任何图像都来自那个带有小玻璃球的暗盒子。从此，人类知道了怎样捕捉光的影像并将它们永久保存。

X 射线

德国教授伦琴在 1895 年发现了一种可以穿透固体的光线。这种光线就是我们现在熟知的 X 射线，现在那些骨折和看牙的人都要拍 X 光照片，我们对这样的事已经习以为常。我们都知道 X 光能透过皮肤和肌肉直接拍到骨骼的影像。这个工程确定无疑对那些病人有实用价值，让我们来看看是如何发现 X 光的。

伦 琴

光是以波的形式存在的，就像海浪一样，一波一波地涌动拍打海岸，眼睛用来接收和汇总这些光波，它将收到的信息传递到连接大脑的神经系统。光波具有特定长度，而且光波之间不会相互产生干扰。我们的眼睛只能接收到特定波长的光，其他波长的光不能到达眼睛所以我们无法看见。这些关于光波在空间中的运行知识，在 1895 年伦琴教授作出重大发现之前人们对于用光可以解释很多事情的道理几乎一无所知。

19 世纪后半叶，科学家们已经开始研究关于光的问题了，他们把一个试管中的空气抽干，用这个真空试管做一项特别的实验。当电流通过这个试管时，产生了一种他们谁也不知道是什么的奇怪光线，这个实验就是伦琴发现 X 射线之前一直在做的实验。论琴用黑色的硬纸板完全遮住试管，试管里面就不会照

伦琴和 X 射线的发现

进光去了，再通上电流。这时他注意到工作台上有片经过化学处理的感光纸上出现了一道黑线，只有把这种纸暴露在强光下才可能出现这样的黑线，但现在这光线是从哪里来的呢？他曾经给试管通过电流，一定是它，那强光穿透了黑色纸板。那天是 1895 年 11 月 8 日。他迅速对这种新的光线展开了研究，虽然他看不到它们，但是实验证明它们确实存在。它们在感光屏上出现和伦琴第一次在感光纸上见到的一样。他用布料把木头包起来，将它们放在试管和屏幕之间，那光线还是能够穿过来。他又把自己的手放在试管和屏幕之间，随后，他在屏幕上清晰地看到了自己手骨骼的轮廓，这是人类历史上第一次穿透手看到手里面的骨头。接着，他试着为屏幕上显示的手骨拍照，完全可以拍到。

1895 年 12 月，在维尔茨堡社会科学院的会议上公布了这项重大发现。1896 年 1 月 4 日，伦琴教授在柏林的物理学院详细阐述了他的发现，这个新闻迅速传遍了整个世界。伦琴给这种新的光线起了个名字叫"X 射线"。"X"一般表示未知事物，尽管现在人们已经对 X 射线了解了很多，但是它仍有很多神奇的地方，人们一直在不停地研究。

激　光

光在人类历史上始终是被赞美的对象，它在宇宙诞生的时候就出现了。因为有光，整个世界亮了起来。科学家们认为，原子在发生变化时会损失能量，这些能量就成为了光。今天，科学家利用光的知识，制造出了地球上或许是整个太阳系里从来没有过的一种光——激光。

1917 年，爱因斯坦首先提出了"受激辐射"的概念，即处于高能级的原子受外来光子的作用，外来光子的频率正好与它的跃迁频率一致时，它就会从高能级跳到低能级，并发出与外来光子完全相同的另一种光子，即发射方向、偏振态、位相和速率都完全一样的光子。若条件合适，光就像雪崩一样得到放大和加强，这就是激光的发射过程。他还指出，除自发辐射外，光与物质粒子的作用也存在"受激吸收"和"受激辐射"过程。

梅曼和他的红宝石激光器

"受激辐射"的理论虽然早就提出了，但直到 1954 年 7 月，美国哥伦比亚大学汤斯（美国物理学家，1915—？）研制成功了世界上第一台利用受激辐射原理工作的新微波振荡器———氨分子微波激射放大器。不久，汤斯和他的同伴肖洛就有了一个对激光发展有决定性意义的发现。

1958 年，他们注意到有一种神奇的现象：当他们将内光灯泡发射的光照在一种稀土晶体上时，晶体的分子会发出鲜艳的、始终会聚在一起的强光。根据这一现象，他们发表论文提出了"激光原理"，即物质在受到与其分子固有振荡频率相同的能量激励时，都会产生这种不发散的强光———激光。

同年，苏联科学家巴索夫和普罗霍罗夫发表了名为《实现三能级粒子数反转和半导体激光器建议》的论文，1959 年 9 月汤斯又提出了制造红宝石激光器的建议。由于汤斯、巴索夫和普罗霍罗夫对激光研究的贡献，1964 年他们分享了诺贝尔物理学奖。

理论完善了，但是谁是第一个将理论变成事实———制造出世界上第一台激光器的人呢？这一光荣重任落在美国加利福尼亚州休斯实验室的科学家西奥多·哈罗德·梅曼（Theodore Harold Maiman，1927 ～ 2007）身上。

1960 年 6 月 8 日，加州休斯研究所的梅曼博士研制了一个激光器。这个激光器把一根红宝石棒作为中介，然后用普通红光去照射红宝石棒，这时，激

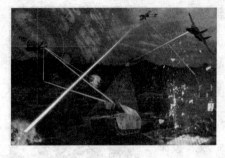

激光武器

光器发射出一束明亮的红光，波长为0.6943微米。这是世界上第一束人眼可以看见的激光，它对我们今天的生活产生了重大影响。从此以后，激光理论、激光器件和激光应用技术像雨后春笋般不断涌现，出现了百花争艳的局面。

你也许一时还无法想象激光有什么特别之处，不过你看了下面的对比，就会牢记激光与普通光源的不同。太阳的表面挺亮吧，可你知道吗，一般的激光比太阳光表面的亮度还要强10亿倍以上，这应该是我们所知道的最亮的光啦。激光不仅仅是亮，它还有一个特点，就是可以产生出一条像铅笔一样粗的彩色光线，强烈得能穿透钢板，将钢板烧出一个洞来。它也可以笔直而纤细地精确描准384401公里外月亮上的一面小镜子。这些都是普通光根本无法比拟的。

由于激光具有亮度高、单色性强、方向性好、闪光时间极短等优点，激光技术已被广泛应用到工农业生产、能源动力、通信技术、测量技术、医疗卫生、军事、文化艺术以及科学技术研究等各个领域，并且取得了辉煌的成就。激光技术还渗透到化学、生物、医学等领域，并由此产生了许多边缘学科。

比如，近年来激光手术已经在医学上被广泛应用。在颅脑外科手术中，大夫不用刀，而是利用聚焦成针头般大小的激光点来为病人做手术，既能够有效地消除神经病变组织又能避免碰触其周围的神经。机械工业中的激光打孔机可以在无论多么坚硬的材料上打孔。在军事方面，激光制导武器发展也很快，特别是激光制导导弹、激光制导炮弹和激光制导炸弹。

可以这么说，20世纪激光的发现和激光器的诞生，是现代科技史上的一件划时代的大事，也许未来的太空武器就是现代科幻电影里的激光武器。

改变世界的新权力

　　马瑟韦·波尔顿与詹姆斯·瓦特一起制造蒸汽机时的合作伙伴。在一次表彰他对科学贡献的仪式上，乔治三世问他："你是做什么工作的？"波尔顿的回答很奇特，他回答道："陛下，我一直在生产供国王使用的商品。"国王很好奇，"那是什么商品呢？""权力。"波尔顿回答。

　　当时，英国在美州的殖民地的消失使乔治国王的部分权力正在被剥夺。他没有想到这个制造机器的发明家所说的话，其实正是权力的关键。其实一些伟大发明对于一个国家的人民来说，是一个既振奋人心又有激励作用的伟大事件，会在人民的心中产生重要的影响，这个国家的人民因为本来的伟大发明而更热爱自己

本杰明·富兰克林

的国家，从而更加努力奋进，为国家创造更大的价值。但是乔治三世从没有想到过这些。所以，他根本没有想到那个小小的蒸汽机在以后的 70 ～ 100 年里发挥了多么重要的作用。英国在美州的殖民地上，有一位科学界的权威，正在用他的风筝去寻找另一种改变世界的新权力，这个人就是本杰明·富兰克林。

电的发现

本杰明·富兰克林对万物都充满着好奇心。他对印刷品进行过改进，而且还发明了能显示名字的壁炉，在美国和法国到处都可以看他发明的避雷针，各个行业都因为他的发明和建议而受益匪浅。

富兰克林的故事在人民大众中影响极大。在美国，他是第一个拥有摩擦机器的人，这个机器有一个滚动的玻璃球，这个玻璃球可以产生微弱的电流，这就是"莱顿瓶"。这个"莱顿瓶"是富兰克林在小的时候就听说过。他对这个神秘瓶子很感兴趣，电怎么能装在瓶子中呢？富兰克林听说有一个法国军官用电流可以击倒一整队手拉手的士兵，他知道这件事后，也做了一个试验，用 22 升"莱顿瓶"击倒了 6 个人。

富兰克林总是对新事物充满浓厚的兴趣。通过在实验中得出的结论，他推断实验中产生的强大电流应该和空中的闪电是同一种东西。下面这个故事在小学的课本里就学过——

富兰克林捕捉闪电

1752 年 7 月，下着暴风雨的黑夜，富兰克林要做一项实验，把风筝放飞到有雷电的空中。他在风筝的翅膀上绑了一把钥匙，然后把风筝放飞到乌云中，瞬间，那把钥匙导入了云层中的电流。一个给富兰克林写传记的朋友称富兰克林确实做了这件事，而且，在富兰克林给朋友的信中也具体提到过这件事。不过，经历史学家考证，在富兰克林所有的笔迹中，人们没有找到他在暴风雨中放飞风筝的相关记录。科学家说，如果他真那样做了，肯定不能活着给人们讲述这样的传奇。14个月后，一个俄国人想尝试同样的试验，结果他付出了宝贵的生命。所以，很多人认为富兰克林不会如此冒险。没有人怀疑富兰克林为了证明空中有电存在而把风筝放飞到云中，人们只是认为他不会笨到把线的另一端绑在自己的手上。我们都千万不要做这样的实验，因为没有人能逃过雷击。

富兰克林最终向人们证实了实验室中摩擦产生的电和云中的闪电是同一事物。2000年前，古希腊人发现用琥珀摩擦衣料可以产生火花，直到2000年后富兰克林揭示了电流的存在，这是人类历史上揭示关于电的最重大的发现，现在英语单词电"electricity"就是源于希腊语"electron"，是琥珀的意思。富兰克林认真研究电的知识，并把电命名为两个极，分别是"正极"和"负极"。由此，人类对电有了深刻的认识，即不同的两个极相接触时，会产生巨大的能量。富兰克林认为闪电也是因为不同极的电相接触产生的，他的发现使人们知道，电闪雷鸣只是一种自然现象，而不是传说中的天神震怒。

电和磁

阿拉伯人在航海时总会带着罗盘和指南针，可是他们不知道指南针为什么总会指向南北。他们只知道依靠它指引的方向行驶肯定不会迷路。800年后的科学家并不比公元前1000年在海中航行的水手们对指南针了解得多。科学家把吸引指南针方向的力量叫作"磁力"，却无法解释其中的原因。后来，丹麦人汉斯·克瑞斯汀·奥斯特（Hans Christian Oersted，1777～1851）给出了

奥斯特

电磁感应实验

一个合理的解释，当时人们称他为"电的哥伦布"。奥斯特生于1777年，他出生在一个偏僻的小村子里，那里没有学校，他的父亲把他送到邻近的小镇上学，让他尽可能多地接受更好的教育。17岁时，奥斯特在哥本哈根通过了大学入学考试，大学毕业后，他把自己的全部献给了科学事业。1806年，他成为大学里的一名物理学教授。

从1750年开始，通过研究电，人们发现了电和磁之间存在一定的联系。厨房或商店遭到雷电袭击后，刀、叉一类的金属物品就会产生磁力，闪电也会改变指南针的指引方向。电磁之间的关系似乎在我们的生活中随处可见，但始终没有人能证明它们之间有着怎样的关系。奥斯特一直在研究二者的关系，他用可以产生稳定电流的电池，一个指南针，他知道指南针会因磁力而指向南方，电流既然能够改变指南针的方向，那就说明这二者之间肯定存在关系。

奥斯特做了很多次试验都没有什么结果，在做实验时，指南针有时好像受到了附近电线的干扰动了一下，有时又根本一点都没有动。奥斯特虽然在做实验方面不太擅长，但是他始终没有放弃。有一天，他给学生讲课时，把电线平行地放在了指南针的上面，而以前的实验中他都把指南针垂直放在电线上面。当电源一接通后，出现的一幕让所有人都鼓起掌来，指南针竟然动了起来，最后停在了一个角度上。他又试着关掉电源，结果指南针又指向了从前的方向，他又反复接通电源，指南针一次又一次地不停摆动。奥斯特和他的学生们都万分惊喜，这可是世界各地的科学家都梦想做到的事，而且他自己也用了13年的时间在研究。自然磁力使指南针指向南方，电流可以使它偏离南方，由此可看出，电可以产生磁力。

1820年奥斯特的发现一公布，在整个科学界引起了轩然大波。米歇尔·法拉第说："他的发现为科学的黑暗带来了光明。"现在的作家对此也有比喻："电流就像是一条纽带，电流把电和磁连接了起来，就像巴拿马运河把两大海洋连接起来一样，电流是电和磁相连接的纽带。"源于这个伟大的发现，阿姆伯尔、阿拉哥和戴维等一些科学家和发明者把电和磁的关系应用到了实际当中，把线一圈圈缠绕起来与磁力相接触，可以产生电流。

发电机

1791 年，迈克尔·法拉第出生于伦敦市郊的一个小村子，他的父亲是个铁匠，身体多病，家境贫寒，不过，法拉第从这个家庭中得到的远比金钱和教育更为珍贵的，是父母对他无微不至的关怀。在这个幸福的家庭里，法拉第得到了很多快乐，而且养成了良好的生活习惯，养成了自由的动手能力和虔诚的宗教信仰，他非常感激这个家庭给他带来的一切。

小的时候，法拉第的父母教他学习了一些简单的读写知识和数学加减法。到 13 岁时，他必须出去工作来补贴家用。他的第一份工作是在书店做事，这个工作是他父亲的朋友帮忙介绍的。在这个书店里，法拉第利用业余时间大量阅读书籍，从中学到了很多知识，他读遍了那里的所有精彩的科学书籍，而他对那些关于电的书籍特别感兴趣。

很多年过去了，法拉第仍没有太大的进步。有一次，他在一个橱窗上看到一个广告，是关于科学的系列演讲，他真想去听听呀，但是每听一次演讲就要付一先令，他没有钱。法拉第的大哥罗伯特从事铁匠职业，他看到弟弟那渴望的目光，决定从自己收入中拿出一些钱给弟弟。十几次的演讲成了法拉第探索研究的一个开始。从那以后，他义无反顾地投入到了科学的怀抱之中。今天的人们应该感谢法拉第的哥哥对他的帮助。

迈克尔·法拉第

在那个年代，为做科学研究而放弃自己的工作需要有很大的勇气。一次，法拉第在一个装订厂客户的帮助下，听了汉佛瑞·戴维的讲座，戴维是当时英国最有趣的科学家。法拉第把听到的内容都记了下来，而且把实验的仪器也画在了笔记本上（这本笔记现在珍藏于大英博物馆中）。大约又过了一年，法拉第认为他要全身心地投入到科学研究中去了。1812年，他给汉佛瑞寄了一本小论文集，看看是否有机会能在他那里找个职位。1813年3月1日，法拉第到皇家研究院工作，他的工作内容是替演讲者清洗所有的模型和仪器，并备好实验用具等待每个到场的人，每周可以得到25先令的薪水。许多人都认为这种活太累而且给的钱太少，但法拉第并不觉得累，他认真地做着自己的工作。

1820年，奥斯特发现并证明了电和磁的密切关系，法拉第对这一发现进行了深入研究。如果电流可以让磁针转动，那么相反，磁力在某种方式下应该也可以产生电流。他用了7年的时间研究这个课题。1831年的一天，法拉第把一块磁铁放在缠绕的线圈中，突然，产生了电流。法拉第兴奋地跳了起来，第二天他跑到马戏团痛痛快快地看了一场马术表演。法拉第的发现对我们的生活产生了重大影响。你想想，靠电力运转的一切东西都起原于此，你就知道法拉第的发现有多么伟大了。没有他的发现就没有发电机，没有发电机，我们的世界远远不会发展到现在这个程度。1832年，法拉第制造了一台可以产生电流的小型机器，叫做"dynamo"（发电机），希腊语是"力量"的意思。

波能发电机的使用

发电机的原理比较简单，只要不停地转动线圈，就可以产生持续的电流。最初这些都要靠人用手来摇动，但是人不可能无休止地工作。还记得古埃及人用水流转动轮子的故事吗？人们使用同样的原理来转动发电机。发电机的出现使落水的巨大能量开始真正地为人类造福。法拉第的发电机开启了能量转换的大门，它不仅仅能产生稳定的电流，更能把水力转化为电力。

汽车的出现

印第安人在白种人到美洲之前，就知道收集河流上漂浮的石油。1840～1850年间，因为石油可以代替鲸油点亮油灯，引起了人类的重视。1854年，美国纽约的乔治·比塞尔和乔那森·伊莱文斯成立了石油公司。同年，殖民者德里克在印第安人收集石油的地区挖油井。1859年，世界上的第一口油井产出了8桶石油，过了几个月，美国迅速挖了几百口油井。这个时期产出的石油只是作为照明的燃料，不过，接下来，即将迎来人类历史上的伟大时刻，人类开始大量使用石油，把它用在机器运转中，这时石油才发挥出了它真正的作用。

蒸汽机是世界上第一台有轮子的发动机。它的体积非常大，一台蒸汽机要想正常运转必须得携带很多东西才行，这就需要有足够的煤做燃料才行，并且还得需要有大量的水蒸汽，还要有不断添煤的工人，这样一台沉重的机器永远也无法使人享受到自由行驶的快乐。

在发现石油后，人们就开始研发一种能够用液体燃料运转的发动机，然后将它安上轮子，汽车（自动车）就成了"可以自己前进的车"。人们期待着一种新型发动机的诞生。在没有液态高

南陀海域的人们收集石油

福特和他的汽车

效燃料之前，是不能制造出小型发动机的。随着石油的不断开发，汽车成为人类下一步研究的课题。

虽然已经能从石油中提炼出汽油来了，但怎样使汽油转化成动力，这一点让科学家们大伤脑筋。法国和德国的两个发明家在 1860 ~ 1880 年间制造出了最早的汽油发动机。德国人高特莱伯·达姆勒可能是第一个把新型发动机安在四轮车上的人。在 1885 ~ 1890 年间，高特莱伯·达姆勒和他的一个同胞卡尔·奔驰，都有了能在路上行驶的汽油发动机车——汽车。1877 年，美国纽约的乔治·比塞尔就申请了汽车专利，他发明的车辆能自己前进，不用马拉。但是，他没有经济条件去制造一台真的汽车。后来，两个年轻的工程师查理斯·杜叶和哥哥佛兰克，制造了美国第一台能在路上行驶的汽车。他们兄弟俩的"轻便车"在1894 年感恩节举行的从芝加哥到乌克根的公路竞赛中，赢得了第一届国家汽车竞赛奖。但当他们把车带到英国时惊讶地发现，他们的法国竞争者早就赢得了首次竞赛。

那时，许多杰出人物都在这一领域竞争，汉尼斯、史伯森兄弟、亨利·福特、马克斯维尔、奥尔德斯等。1893 年，亨利·福特自己制造出了第一台能以每小时 40 千米的速度行驶的汽车。到 20 世纪初，人们迎来了汽车时代。

美国在汽车时代迅速占据了主导地位。截至到 1925 年，大部分美国人都有私人汽车，在当时的世界上，美国是拥有汽车最多的国家，美国的汽车拥有量是其他国家总和的 7 倍。汽车改变了美国人的生活。

热气球飞行

人类一直都梦想有一天能飞上天空。古希腊神话中伊卡鲁斯想用蜡制的翅膀飞过水面，结果翅膀融化在阳光中，现实中的人类在整个中世纪有很多不断尝试飞行的人。最早成功离开地面在空中飞行的人，只是借助简单的包裹和充满热气的纸袋升到了空中。

大约在 200 多年前，法国一个造纸厂老板的两个儿子，孟格菲兄弟，他们一直渴望能飞上天空。别人在观看空中的小鸟时，他们却在对着云和那些烟雾发呆。他们把烟充进纸袋里，然后把纸袋抛向空中，看着它飘起来，他们想："既然烟能够上升，那么热空气也可以。"他们做了一些很大的纸袋，然后在火旁把热气充入纸袋。那些充满热气的纸袋慢慢地升入了空中，越飞越高。后来，他们根据这个原理，要向人们展示自己的气球可以飞在空中。1783 年 6 月 5 日，孟格菲兄弟要进行公开演示热气球飞行，他们做了一个直径 9 米的大袋子，人们都纷纷跑去观看。孟格菲兄弟用棉线把纸袋进一步加固，用绳子把纸袋吊在一堆火上面，当这个气球完全被热气充满的时候，兄弟俩砍断绳子，在人们的一片惊叹中，气球飞起来了。这个热气球在空中飞行了 11 分钟，之后落在了几千米以外的地上。当年的 9 月 19 日，孟格菲兄弟在凡尔赛宫的花园中又进行了一次试飞。这次的气球更大更圆，而且气球上还搭载了几个不知惊恐的乘客——一只羊、一只公鸡和一只鸭子。这次气球飞行了很远的距离，最后降落在一片农田中，篮子中的羊、鸡和

1783 年 11 月 21 日，人类历史上首次热气球载人飞行在法国巴黎举行

鸭子竟然丝毫没有受伤。

动物既然没事，人应该也没问题，就看人有没有胆量做了。一个月后，法国人德·罗泽尔乘着热气球飞上了蓝天，他的上升高度大约有 1000 米，并且在空中飞行了 25 分钟，虽然他飞得不高，但他仍然激动不已，在那样的一个视角下俯瞰大地，简直太神奇了。又过了一个月，德·罗泽尔和阿兰德斯公爵进行了首次热气球自由飞行，他们在巴黎上空飘移了几百米，最后安全返回地面。这是人类在历史上第一次实现在高空中飞翔的愿望。

飞 机

1903 年 12 月 17 日，这天是人类航空史上的伟大时刻。莱特兄弟在美国北卡罗来纳一片荒芜的沙丘上，成功完成了他们的伟大壮举。那天，奥维尔·莱特和弟弟威尔伯·莱特共同坐上了他们制造的人类第一架飞机的座椅。由于这架机器上没有安装轮子，无法完成助跑，他们就把它放在沙丘顶端的一部汽车上面，把前面的斜坡当作简易的跑道。威尔伯推动汽车从倾斜的沙丘滑下，奥维尔在汽车冲下去的同时拉起方向杆，这个机器慢慢地载着他离开了汽车冲向空中。这是人类首次借助器械飞行，但这次仅飞了 12 秒钟。他们又把飞机拉回坡顶重新试飞，这次飞行了 59 秒钟，并且飞行了 260 米。

莱特兄弟

气球已经可以载人离开地面，从第一次热气球成功飞行到第一次飞机的成功飞行，经历了 100 年的时间。在这 100 年中，人类已经学会了使用飞艇，因为飞艇中可以充满比空气轻的气体，所以除了鸟，没有什么能使比空气重的东西飞离地面，但莱特兄弟的飞机却不是这样。莱特兄弟的发明并不是凭空想象，他们借鉴了许多前人的经验，并通过自己的努力探索。

他们是机械师，而且有一间自己的自行车厂，他们从书本、报纸、杂志上阅读一切关于飞行的知识。因为热气球的成功飞行，人类对气流方面的知识已经掌握了许多。英国人乔治·卡勒伊在19世纪初期写的关于飞行的著作中，介绍了他对鸟类飞行的研究成果以及曾制造过一个"滑翔机"的小模型。他指出鸟类必须不停地移动，才能一直在空中飞行不掉下来，而且任何重于空气的东西想要在空中飞行都得这样。书中也说到了飞行时保持平衡的重要性及如何能尽量保持平衡，这在100年后，莱特兄弟的飞行中得到了实践。有许多前人在这方面做过成功的尝试，有蒸汽飞机模型以及真正能飞的滑翔机。

　　这两个年轻的美国人用了三年时间不停地实践，并不断地进行改进，成功制造了一架滑翔机。1903年，他们在滑翔机上安装了一台小型汽油发动机，直到12月17日，他们的飞机在空中飞了59秒，那是一个伟大时刻，宣告试飞成功。把自己掌握飞行秘密的这件事马上公之于众吗？他们没有那样做，而是继续改

莱特兄弟制造的双翼飞机

进自己的飞机并且准备申请专利。他们希望能把这个秘密保守到一切都准备好的时候。曾有记者报道过这两个年轻人做的事，但是没有人注意过他们。又经过两年多的辛苦工作，报纸上刊登了一条令人震惊的消息，在北卡罗来纳的荒野中，有两个年轻人成功制造出了飞机并且飞行了 30 千米。

直到第一次世界大战时，飞机的模样还是跟莱特兄弟制造的一样，是有两个机翼的飞机。在飞行中，必须有升力飞机才能保持正常飞行，而机翼和速度就是使飞机产生升力的来源，当速度越快，机翼越大或越多的时候，飞机就会获得更大的升力。早期的飞机飞行速度很慢，人们为了使飞机产生更多的升力，就制造了三副机翼的飞机，三副机翼相比双翼飞机能够产生更多的升力，但是多一个机翼就会增加很多重量，所以三翼飞机很少。飞机的飞行速度提不上去的原因很多，早期飞机发动机提供的动力不足，而且那时的飞机并不结实，不适宜高速飞行。但是在当时，飞机的飞行速度要比其他交通工具的运行速度快很多倍。

第一次世界大战的战场上，已经有了双翼飞机参与作战，那时还没什么武器可以对付飞机，因为飞机速度太快了，当然那时的飞机也没有攻击能力，交战双方只是用它来侦察敌情。一名法国驾驶员在一次侦察德国人的阵地时驾驶着双翼飞机，德国士兵向这架侦察机射击，这名法国驾驶员一把抓住了脸旁边的一个黑点，他以为是只虫子，当他拿起来看时，吓了一跳，他抓到的是一枚子弹头。到了一战末期，有一些飞机驾驶员开始用手枪攻击对方飞机的驾驶员，或者是从飞机上向对方的阵地上丢炸弹，这种新式机器的威力越来越大了。

后来，飞机得到了进一步改进，发动机越来越轻，功率也越来越大，飞机的负重减轻了，速度提高了，而且抛弃了一副机翼，成为单翼飞机，外面包裹着坚固的外壳，而且能够携带更多的重量。人类终于迎来了航空时代。

飞行冒险家

　　飞行在后面的一个世纪里不断进步。早期的飞行家们为自己设立了四个目标。第一个目标是飞得更高，第二个目标是飞得更远一点，第三个目标是以更快的速度飞行，第四个目标是超过前面的所有目标。人类一直梦想可以飞得更高，天空的冒险家们希望能够飞得无限高。在飞行过程中，人类发现从前对天空的认识真是少之又少。人们一直以为天空中到处都充满空气，但实际上空气

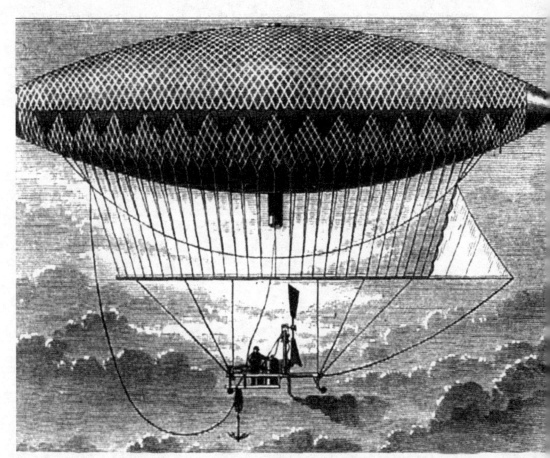

飞 艇

会随着飞行高度的增加而变得越来越少，少到没有氧气，人类必须自己携带氧气，或使用压缩机来增加空气压力，才能保持正常呼吸，尤其是在寒冷的平流层，白天也会有星星一闪一闪的，而且没有一丝云彩，如果想飞得更高，就得事先做好更高要求的保护工作。

1931年和1932年两项气球高空飞行的纪录保持者奥古斯特·皮卡尔，在新闻中这样讲道："今天，在天空中降落下来一个奇怪的物体，一个大球上挂着一个大袋子，它飞到了阿尔卑斯山的山顶降落，在这个大袋子里爬出来两个人，他们刷新了人类向高空飞行的纪录。"而皮卡尔在答记者问时向大家展示出了这次冒险看到的奇怪景象："我们随着气球不断上升，地球在我们的眼里很像是一个巨大的卷边大盘子……再后来所有的东西都被浓雾遮住了，月亮像地球上的夜晚那样亮，只能看到蓝色的天空。"

1934年，三个俄国人在乘坐热气球飞行返程时碰撞到了障碍物而死亡。美国每年都有人想带上科学仪器去大气层中探索，其中有些成功的探索给人类制造更先进的机器提供了一些参考。

第 10 章

电 报

电报的发明者是肖像画家塞缪尔·莫尔斯，生于 1791 年。他是马萨诸塞州州长的儿子，就读于安多乌尔学院和耶鲁大学。在耶鲁大学，他做过本杰明·西里曼的学生，本杰明·西里曼是当时美国科学界的领头人物，莫尔斯跟随西里曼学习电物理学。不过当时的莫尔斯酷爱艺术，他经常给同学们画肖像，并收取一定的费用。大学毕业后，他没有从事电物理学方面的工作，而是拜一位名画家到英国学习画画。在那里，他的作品得到了认可，并获了奖。在花掉身上所有的积蓄以后，他回到家乡，静下心来思考怎样能多赚一些钱，不能光靠画画赚那点微薄的收入。一年后，他和弟弟发明了一种机器泵，并得到了一笔奖金。后来他又

塞缪尔·莫尔斯

到欧洲搞了三年艺术，在 1832 年回家的一次偶然机会中，开始对电产生了兴趣。

1832 年的一天，莫尔斯的朋友拉他去看一个电磁实验，做实验的人是波士顿的一个物理学家，这个专业莫尔斯在上大学时学过，现在看到这个实验使他突然对电又产生了很大的兴趣，他的大脑瞬间产生了一个想法，能不能通过电线迅速传递信息呢？莫尔斯在纸上画了很多草图，并做了一些相关笔记。他回到欧洲的第一件事就是开始做实验，开动自己聪明的大脑动手制作一些仪器。莫尔斯根据汉斯·奥斯特已证明的电和磁的关系，发明一种仪器，通过在电线的一端不断地开关电流，给电线另一端的接收者传递信号。

经过三年的努力，莫尔斯终于制造了一台仪器，这台仪器可以向另外一台仪器发送信号，但是因为资金短缺，第二台仪器一直没有制造出来。两年之后，大法官的儿子阿尔福雷德·瓦莱和莫尔斯一起开始这项发明工作，法官向他们资助 2000 元钱，并可以在瓦莱自己家的铸造厂里工作。大法官起初觉得他们的想法似乎不太可能实现，但是看到他们那么疯狂地热衷于自己的事业，他决定全力支持儿子。1838 年 1 月 6 日，大法官被邀请到儿子的工作室去，在那里，大法官写下了一句话交给儿子，瓦莱在机器前轻敲按键，过一会儿，莫尔斯从另一个房间里走过来，手里拿着一张写有字的纸条，上面写着："付出就会有回报"，这几个字正是大法官写下的那几个字。世界上第一封电报诞生了。

在莫尔斯 53 岁那年，也就是 1844 年，美国国会修建了一条长达 64 千米的电报线路，于当年 5 月 24 日正式开通，从此就可以发送长距离的电报了。到莫尔斯 81 岁离世时，美国的每个城镇都遍及了电报系统。

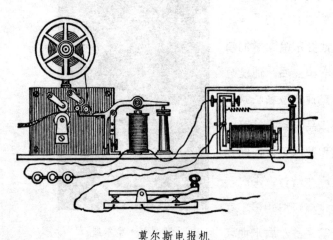

莫尔斯电报机

电 话

　　亚历山大·格拉汉姆·贝尔有个大胆的想法，他想让铁说话。贝尔从小就熟知关于声音传播的知识，而且贝尔的父亲曾发明了一种叫做"可视语言"的系统。他让聋哑人通过模仿别人的嘴形来使自己发音，久而久之，这些聋哑人就学会了说话。贝尔在年幼时就已经很熟悉这些了。他懂得声音产生的原理，知道声音在空气中是如何传递的，以及人怎么才能听到声音等，然而这些知识一般人根本不知道。他和弟弟曾经利用发声原理发明了一种装置，这个装置可以发出"妈妈"的声音。

亚历山大·格拉汉姆·贝尔

　　德国有一种实验仪器，一有电流通过叉子就会发出声音，而不用敲击叉子来发出声音，那么电报讯号是不是也可以不用敲击就能发出去呢？可不可以用电报传递音乐呢？贝尔脑子里产生了一连串疑问，他试着画了一个草图。因为贝尔曾经在伦敦学过电报业务，所以，他对电报机非常熟悉，他在电报机原型的基础上加了一些琴键。他专心研究他的音乐发报机。在研究的过程中，他想到既然能让电报把音乐传递出去，那么为什么不把人的声音也传递出去呢？和电报的发送原理一样，只不过电报是以电码——文字的形式传递出去，而贝尔要以声音的形式发送出去，而且要让电线另一头的人清楚地听见这边人说的每一句话。

　　贝尔和助手怀特森在辛苦地工作着。他们选择了一个6层楼的顶楼工作。在6月炎热的一天，贝尔在自己的房间里的电线这头突然听到了那边助手的声

贝尔向人们演示电话机的功能

音，他放下手里的东西冲进了怀特森的房间，仔细查看每个部件，欣喜不已此后的日子里，他每天都在不停地完善仪器，直至 1876 年 3 月 10 日，怀特森在一楼的电话线这头清晰地听到了贝尔的声音："怀特森先生，请过来一下，我需要你的帮助。"这是人类第一次从电线里实现了对话。怀特森听到贝尔的话，一下子冲上了顶楼，告诉贝尔听到他说的话了。

贝尔的发明获得了专利，那天正好是他 29 岁生日。1915 年，他坐在纽约的一部电话前，给怀特森打电话："怀特森先生，请过来一下，我需要你的帮助。"此时的怀特森正在旧金山的公寓里，他回答贝尔："我现在得需要一个星期才能到达你那里。"

托马斯·爱迪生

留声机

1877 年的夏天，发明家托马斯·爱迪生要试一下他的模型是否好用。他的助手早已把模型放到了他的工作间。这台小机器是他画好图纸交给助手约翰·克鲁西制作的。克鲁西专门为爱迪生制作模具，而且会得到相应的报酬。进入工作室，爱迪生看见了这台小机器，他转动机器的手柄，并且在上面固定了一张锡箔。旁边的人都围过来观看，看看这台小机器是不是像爱迪生说的那样，

爱迪生演示他发明的留声机

可以留住声音，他们想看看这个小东西到底有多神奇。爱迪生轻轻拿起话筒，边转动手柄边对着话筒唱："玛丽有只小山羊……"大家顿时都笑起来，然后爱迪生把话筒转回到原来的位置，重新调整了一下，又开始转动机器，这时从机器里传出了他刚才唱的歌声，大家都拍起手来，每个人的脸上都显现出惊讶的表情，就连爱迪生本人也感觉到非常震惊。

"这是我最值得回忆的一瞬。"爱迪生说，他并没有奢望可以完完整整地记录下整个句子，但是当机器里传出完整的句子他还是真的有些震惊了。这个发明是爱迪生在进一步完善电报机时突然想到的——让机器完整地记录下人们想记录的每句话。在做这个机器时，他做了一个纸碟用来记录讯号的点击。偶尔一次，因为碟子转动

爱迪生发明的第一台留声机

太快导致了噪声，爱迪生经过仔细研究后，决定造一台机器，这个机器能复制人的声音，就是刚才我们说的那个机器——留声机。

留声机的发明在我们的生活中起到了不可小觑的作用。一个人在别的国家的公众演说或者唱的歌，我们都可以通过这个机器清楚录制下来，而且，它能留存下几十年，甚至上百年。留声机在我们每天的生活中都起着重要的作用，它的出现打破了时空的界限，成为人类历史上又一个伟大的进步。

无线电

对谁先发现现代信息的传递这个问题，我们虽然不能果断地下结论，但法拉第这个名字，早已载入了史册。他最先发现了电和磁的关系，他认为这是一种空间的能量。后来，麦克斯韦在空气中测到了电磁波。

马可尼与助手测试无线电报

伽利尔摩·马可尼 21 岁时就做过实验，通过电磁波在空气中传递信息。1895 年，马可尼建立了一个实验室开始研究电磁波在空气中的传播途径。经过多次实验，信息在空中的传递距离从最初的几厘米一直到几千米。1986 年，马可尼把自己研究的成果申请了专利。

马可尼到了英国做的第一次实验是让电磁波穿透政府的建筑。英国的邮政局给

在通信卫星的帮助下，人类实现了全球无线电通话

他提供了多项帮助，这次的传递达到了 800 米。1897 年，马可尼再次做此项
实验，这次传递了 6000 米远的距离。1898 年，在大海的另一边成功接收到
了都柏林报纸上刊登的船赛的消息。现在，只需几秒钟就可以把信息发到地
球的另一边。

　　无线电把整个世界都连在了一起，世界各地的人都因为无线电的发明而互
相自由地交流。我们虽然看不见这种无线电波，但是这个无形的电波可以跨越
时空，使全世界的人都能快速便捷地交流。无线电使人类征服了时空，人们将
利用它进一步去揭开太空的奥秘。

多伦多国家电视塔，高达 553.3 米，147 层，建于 1976 年

火药

古代人有过很多发明创造，因为历史的久远，很多发明都没有确切的年代记载。我们现在要说的是古老的文明古国中国。很多新发明都是源自古代中国，这些发明创造对人类的历史发展起到了推动作用。说到发明，我们下面要提到一个新发现。古代中国有个帝王想长生不老，就命令他的臣民必须寻找到长生不老药。他动用大量财力去满足那些炼制不老药的炼丹士。有些人认为在一些矿物里可能含有不老药的成分，他们就把一些矿物质混合在一起放在炼丹炉里炼制。这些炼丹士和从前的炼金士有些类似，不过这些炼丹士的任务更加艰巨，因为这些炼丹士几乎找遍所有的地方和药方都不能制成长生不老药，每次都是以失败告终，不过他们马上又会给自己鼓劲，因为就连他们自己都认为世界上真的会有长生不老药存在，他们夜以继日地工作，希望有一天能够炼出这样的药来，献给帝王。当炼丹士把混合的矿物质放在一起炼制时有了一个新发现，就是这些矿物质混在一起会发生爆炸，而且爆炸力很大。后来，他们再炼制时

1126 年开封保卫战中的火柜和石油炸弹"轰天雷"

会把容易发生爆炸的矿物列出来，告诉其他的炼丹师，以免再爆炸，伤到人。

中国人一直没有重视这种爆炸现象，一直到了公元 9 世纪，中国才开始有人研究炸药。中国人是世界上第一次研制出火药的人。最初的火药成分是把硝石、硫磺和木炭按照一定比例混合在一起制成。因为木炭是黑色的，所以人们称中国的火药为黑火药。这种火药最初是用在节日中的娱乐上。中国的爆竹就是用黑火药制成的，在节日里人们会燃放爆竹增加热闹气氛。后来，人们把火药用在了战争中。最开始的黑火药的威力并不大，起不到杀伤的作用，只能用来吓唬人，士兵还是主要以刀和箭为主。中国人喜欢把自己的发明创造隐藏起来，就像制作丝绸一样，中国人严格保守黑火药的秘密，不想让其他国家知道，所以那时只有中国人会制造火药，而且那个时候的火药产生很少，所以，在战争中，只能用到少量的火药。并不是每个士兵都能用得到。

13 世纪时，成吉思汗和他的子孙在扩张领土时，与中国的军队交战，在交战中他们偶然间知道了火药的制作技术，他们广泛应用这个技术，在与西方国家征战时，他们用上了火药。阿拉伯人把中国的火药成分作了一点改变，颜色比中国的火药浅，不过阿拉伯人还是把他们改变后的火药叫作"中国粉"。火药的传播主要是靠战争，后来又传到了欧洲。中国在使用火药两个世纪之后，欧洲人才开始使用。中国人曾经发明了很多火药武器，其中一个影响力比较大的就是"火箭"。这个火箭还不是现在可以飞上宇宙的火箭，它是在最原始的箭上绑上火药筒，用火药筒产生的推力带动箭的快速飞行，这样普通的弓箭就会比原来射得更远，所以在当时称为火箭。这个火箭的飞行原理是和现代的火箭飞行原理是一样的，都是靠一个巨大的推力使箭发射出去。很多人都觉得这个原理很有趣，都幻想着能否通过这个原理制作一个能够飞上天空的飞行器。

真的有人尝试了一下，借助火药的推力飞上天空。在16世纪时，一个叫万户的中国人，他想到火药绑在箭上能够使箭射得更远，那么把火药绑在人身上是不是可以带着人飞向高空呢？他决定试一试。他把四五十个火药筒绑在一把椅子上，自己也和椅子绑在一起，手里拿一个风筝，只有这么简单的几样东西。他完全没有想到这么多炸药绑在一起会发生爆炸，而且爆炸的威力相当大。他只觉得这么多火药足够产生强大的推力了，而风筝也可以让他平稳着地。当一切有都准备妥当，万户命仆人点燃了爆竹。不用想我们就知道结果会怎样。在火药点燃后，迅速燃烧，最后产生强烈的爆炸，浓烟和火焰混合在一起，很长时间都无法看清万户和他的飞行器。等浓烟消失后，再也找不到万户了，他的尸体被炸得粉碎。万户是第一个尝试用火箭飞行的人，直至后来的几百年的时间里都没有人敢再尝试此种飞行。

13世纪时，西方的火药技术得到飞速发展，他们开始用火药制造各种火器。在法国人简·弗鲁瓦德萨尔的编年史中记载着一件关于能在固定的发射筒里发射的火箭的事。那时制造的火箭都是用在军事中，并不是今天升空的

中国元朝时期金属火器火铳

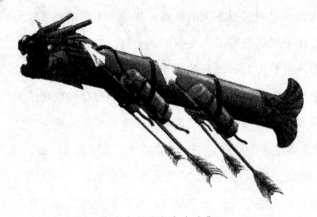

古代火箭"出水火龙"

火箭。到 18 世纪末，英国人在战场上已经开始大量使用火箭，虽然那时火箭的威力远远不及大炮。

19 世纪末，俄国人康斯坦丁·齐奥尔科夫斯基对太空产生了极大兴趣，他提出地球以外的太空里是没有空气的，所以凭借热气球人们是飞不出地球的。而且人们要想飞出地球必须得有像火箭一样的巨大推力才行，如果可以的话，应该用装有两级或三级的火箭的推力才能到达更远的外太空。齐奥尔科夫斯基的这个想法引来了轰堂大笑，人们嘲笑他简直是痴人说梦，人类是永远也无法登上他所说的那个地方的。之所以当时的人们对他报以嘲笑的态度，是因为没有人能够想到将来会制造出助推力超大的火箭。没有人会相信他的设想，他只能把它写成一个故事，编成一本小书，向人们推广这个想法。

火 箭

齐奥尔科夫斯基的观点吸引了很多人，一些聪明人开始试着建造一个这样的火箭。罗伯特·赫金斯·戈达德是最早开始建造火箭的人。他于 1882 年出生于美国马萨诸塞州伍斯特，少年时期就喜欢科幻故事，他想制造火箭的想法也是在这个时期产生的。那是一个阳光明媚的下午，戈达德手里捧着一本英国作家写的《大战火星人》，坐在后院的一棵树下认真地看着。当他看累了，抬头仰望天空时，幻想着自己要是也能坐上书中所说的那种飞行器该多好，坐着他飞出地球，飞上火星。他想到就开始动起手来。不过凭他那时的知识储备离造火箭还差着十万八千里，他迫切地想充实自己的知识，他从那天就开始下决心一定要好好学习，考入大学，去学习更高层次的知识。在大学期间，戈达德把所有的时光都用在研究制造飞行器的知识上，只要有一时间，他就去翻阅关于飞行方面的书籍。同时，他也想到了，还要制造一个能够把飞行器推入太空的助推器。他自己做了一个简易的助推器，这个助推器里面用的是固体燃料。这个固体的助推器无法在实际中使用，不过，他通过这个助推器研究出了如何把火箭推上天。

齐奥尔科夫斯基

　　1919 年，戈达德向世人公布自己多年的研究成果。他提出人类完全可以凭借火箭飞出地球，而且还能飞到月球，或者是别的星球上。不过，他的这一结论也遭到了所有人的怀疑和嘲笑。为了验证自己的研究成果，戈达德决定自己建造一个那样的火箭给世人看，让人们相信他的结论。用了几年的时间，戈达德终于建造成了一个高 3 米的火箭，这个火箭用的是液体燃料，液体燃料更能在飞行时满足动力的要求。1926 年 3 月 16 日，戈达德要展示一下自己研究的火箭。在点火后，这枚火箭以很快的速度飞了出去，不过它又以很快的速度调转头，向斜下方飞去，最后栽到了地上。在测量火箭的飞行距离时，他还是感到很欣慰的。这枚火箭飞了 12 米高，56 米远。这个火箭在

液体火箭

现代人看来飞得还不如一个玩具飞机飞得高，不过，这在当时已经是很了不起了。他的这次火箭试飞标志着一个新的飞行时代的来临。人们在这以后的几十年中，确实建造出了可以真正把人类载入太空的火箭，载着人类飞向各个星球，探索太空的奥秘。

戈达德的这次试飞，向世人证实了自己理论的可行性，他因此获得了充足的资金去制造更先进的火箭。在对火箭的进一步研究中，戈达德认为，如果给火箭加上足够的仪器，就能够让火箭更加平稳，以更快的速度飞行。现在我们在电视上看卫星升空时的现场发射实况时，肯定对发射之前的倒计时记忆犹新。这个倒计时是从很早的一部科幻电影中借鉴来的。用倒计时来确定火箭的发射时间，点火师可以更准确地掌握好点火时间，所以，现在设计师就设计了一个倒计时控制器。在点火前10开始倒计时，倒计时结束，点火师就可以按下按钮，点火火箭升空。

戈达德在研究火箭的时候，德国一个名叫奥伯特的柏林大学教授也对太空很感兴趣，他为此组建了一个协会，这个协会主要是招集那些喜欢航天事业的年轻人，布劳恩也是这个协会中的一员。维纳尔·冯·布劳恩，1912年3月23日出生在德国维尔西茨，他在少年时也对火箭很感兴趣，他也幻想过借助烟花

布劳恩

的力量推动滑板前进，结果是大家可以想象得到的。布劳恩不但没有灰心，反而更加促使他对推进技术作进一步研究。我们在后面的小节里会提到布劳恩对人类的贡献。布劳恩在上大学时，遇到一位对他一生产生重要影响的工程师沃尔特·罗伯特·多恩伯格。多恩伯格组建了一个实验室，这个实验室专门用于研究火箭推进器。1934年，他们研制成功一枚火箭，这枚火箭是用酒精作为燃料，酒精燃烧产生的推进力可以使火箭升空高度达2400米，这是

在当时可以飞得最高的火箭。多恩伯格说，他们借鉴了戈达德的研究成果，戈达德在火箭方面所做的贡献对他们研制火箭起了重要作用。

整个二战期间，德国的火箭专家研制的火箭都是用于军事上，用来攻击对方，不过再先进的火箭也不能挽救纳粹德国的命运，然而德国火箭专家的研究成果为人类的航天事业贡献了巨大力量。

人造卫星

我们在晴朗的夜晚，可以看见夜空中的满天繁星，几千年来，天空中的星星都在遵循着特定的规律缓慢地变化。从 20 世纪 50 年代末期以后，天空中出现了很多可以看到明显运动的"星星"，这些"星星"就是人造卫星。

早在 17 世纪至 18 世纪期间，伟大的科学家牛顿曾经思考过这样一个问题：树上的苹果会掉下来，而天上的月亮为什么不会掉下来？牛顿从这点出发，结合开普勒的行星运动定律，得出了万有引力定律。按照万有引力定律和牛顿第二定律，牛顿算出了从地面发射能环绕地球作圆周运动的人造地球卫星所需要的最小速度，也就是通常说的"第一宇宙速度"，速度为 7.9 千米 / 秒。超过这个值，卫星的运动轨道将变为椭圆形，而且速度越大，椭圆的形状越扁。

让我们把时间拨回到 1945年，回顾一下现代火箭的发展。德国战败了，希特勒自杀了。三个多月后，日本也宣布无条

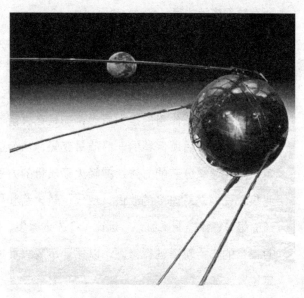

斯普照特尼克 1 号卫星

件投降。人类历史上规模最大的一场战争终于降下了帷幕。二战中，参加战争的各大国都动用了大量的人力物力以及最新的科技进行先进的武器开发，各种新式武器层出不穷。在二战数量庞大的武器谱中，有两件武器有划时代的意义：第一件是在瞬间把广岛、长崎夷为平地的原子弹；第二件就是德国的 V-2 火箭。

二战末期，火箭的威力让整个世界震惊，第二次世界大战结束以后，每个国家都开始研究这门新技术，其中美国和苏联取得的成就最大，他们

德国发射 V-2 火箭

在征服和探索太空这个未知领域上，展开了一场竞争。苏联在初期几乎取得了所有航天成就的第一名。

在此暂不说美、苏在火箭方面的发展，还是先来讨论如何改进火箭，提高火箭的速度。V-2 火箭使用的推进器是酒精和液氧，这种推力还不够大，特别是在真空状态下。根据动量守恒定律，提升火箭的速度有两个途径：一是改进推进剂，使火箭反作用的推力更大；二是在火箭飞行过程中，不断减轻火箭的质量，使火箭最后所保留的一级质量变轻，从而使速度变大。对推进剂改进是采用液氢和液氧分装的方法；减轻火箭质量的方法就是采用多级。当然，我们在此仅仅说的是对速度的改进，现代运载火箭和导弹相对于 V-2 火箭改进的地方还有很多，如控制系统，它远比 V-2 先进得多，它能像大脑一样随时处理信息，对错误的飞行轨道进行修正，以保证运载火箭按正确的轨道准确无误地进入预定位置。

随着运载火箭和洲际弹道导弹的发射成功，发射人造地球卫星成为了可能。

1957 年 10 月 4 日，世界上第一颗人造地球卫星"斯普特尼克 -1"号在苏联拜科努尔发射场由 SSR-1 三级火箭送上轨道。这个直径 22.8 英寸、重 184 磅的金属球体，每 96.2 分钟绕地球一周。它带有测量温度、压力的仪器，并利用两台无线电发射机发射信号，进而研究电离层的结构。第一颗人造卫星上天，标志着空间技术进入一个新的时代。一个月后，前苏联又将第二颗卫星"旅行者 2 号"送上轨道，这颗卫星比第一颗重，而且还将一条叫"莱卡伊"的狗连同科学仪器送上太空。

人类首次进入太空

地球以外的宇宙空间，一直是人类各种幻想的源泉。人类开始以气球、汽艇和飞机飞行时，就想到太空中去探索，到星海中去遨游。

1958 年 10 月 11 日，美国成功地发射了第一颗空间科学探测卫星———"先驱者 1 号"，卫星飞行 43 小时后又重返大气层，这显示美国卫星已具有很好的操纵性能。

1959 年 9 月 12 日，苏联的"梦想 2 号"在月球硬着陆 (即撞在月球上)，使月亮上第一次出现了人造物体。

1960 年 8 月 10 日，美国成功地回收了卫星。1960 年 8 月 15 日，苏联则将载有两条狗和其他动植物的"太空舱 2 号"卫星回收。

卫星回收技术有什么意义呢？这个意义大家可能早想到，首先当然是能提高各类航天器的使用寿命和价值，可以不断地对卫星进行修理和改进。其次，当然也是最重要的，是为发展载人航天创造条件。你想想，要是发射到太空的飞船不

加加林

能返回地球，谁还愿意尝试乘飞船进入太空呢？如果不能安全返回，又怎能说人类成功迈入了太空呢？是的，要把人类送入太空，并能安全返回，这样才能真正地说人类进入了太空时代。

历史性的时刻终于到来。1961 年 4 月 21 日上午 9 时 7 分，苏联宇航员加加林少校乘坐着"东方 1 号"飞上了太空，在 327 公里的高空上，加加林逐步适应了失重的环境，顺利完成了预定的各项实验。上午 10 时 55 分，飞船从北非上空返回大气层，机械舱自动脱落，只剩生活舱在大气层中下降，离地面 7700 米时，加加林与座椅一起被弹出，随降落伞徐徐下落，安全降落到地面。这次太空飞行持续了 108 分钟，绕地球一周，成功地实现了人类历史上第一次太空飞行。这一创举轰动了全世界，证明了人类可以征服太空，加加林也因此成为了划时代的英雄。加加林是人类历史上第一个成功上天的宇航员，这是空间技术发展的又一个里程碑。人类几千年来的飞天梦想终于成为了现实。

阿波罗 11 号宇宙飞船发射

登上月球

人类自古就有飞天的梦想，那高悬于天空中看似遥不可及的日月星辰，几千年来似乎一直在向人类招手，一次又一次点燃人类"飞天"的豪情，催生一个又一个美丽动人的传说。在中国有夸父逐日、嫦娥奔月、周生架梯等级传说，而在西方则有"伊卡洛斯飞日"、阿波罗救母等，这些人类流传了数千年前古老的传说，一直激励着人类"飞天"。而月球，作为黑暗中光明的源泉，地球唯一的卫星，也是地球最近的天体，人们亲近它的愿望就更加迫切了。而古人做梦都在想的事，在 20 世纪 60 年代末，终于被人类实现。这就是"阿波罗登月计划"。

1961 年，前苏联宇航员加加林成功地飞向太空，又安全地返回地面后，美国大为震惊，为了赶超苏联，确切地说，为了取得太空竞赛中决定性的胜利，美国

阿波罗 11 号成员

的整个国家机器都被调动起来。1959 年，美国只是提出"奔月"的设想，还不敢做出决定。到 1961 年 5 月，也就是加加林上天不久，美国总统肯尼迪就正式批准了"阿波罗登月计划"。肯尼迪宣布："美国要在 10 年之内，把一个美国人送上月球，并使他安全返回地面。"

在美国宇航局的组织下，美国动员了 2 万多家企业、200 多个高等院校和科研所的 400 多万人参加，开发项目 1300 多个，共耗资 250 亿美元，历时 9 年，"阿波罗登月计划"的火箭才宣布准备就绪，等待试飞。1967 年，第一次试飞时，因火箭发射台起火，三名优秀的宇航员当即葬身火海，为试验献出了年轻的生命。人类探索太空的征程从一开始就不是平坦的呀！但人类有一个可贵的品质，那就是前仆后继、永不言败的精神。

两年后的 1969 年 7 月 20 日，激动人心的时刻终于到来了。美国"阿波罗 11 号"的"小鹰号"登月艇指挥官尼尔·阿姆斯特朗弓着身足足花了 3 分钟，才走下飞船舱门口的 9 级金属扶梯，把右脚放在月球的地面，印上一个 15 厘米宽、32.5 厘米长的长统靴脚印。他激动而庄严地宣布："对个人来说，这是一小步；对人类来说，这是迈出了一大步！"

奥尔德林紧跟其后也踏上了月球。他们在月球上微弱的引力下一跳一跳地走动，"这是一个荒凉冷寂的世界，没有生命，没有一点绿色，故乡地球像一

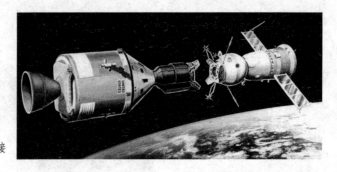

阿波罗 11 号与
联盟号成功对接

个明亮的圆盘悬托在月球上林立的高山丛中。"他们俩将一块特制的金属牌竖立在月球表面上，并默念："公元 1969 年 7 月，来自行星地球的人类首次登上月球，我们为和平而来。"金属牌下放置了 5 位遇难宇航员的金质像章，他们在月球上停留个两个半小时，并将月球的电视照片发送回地球，还安放了 3 种科学实验仪器，采集了 60 磅月球上的石块和土壤标本。

按计划，阿姆斯特朗和奥尔德林两人驾驶"登月舱"离开了月球，与在空中等候的柯林斯驾驶的"哥伦比亚号"会合，随后开始返回地球。1969 年 7 月 24 日，指令舱重新进入大气层，安全降落在太平洋上，"阿波罗登月计划"成功了。

"阿波罗"计划是人类历史上最宏伟的科学研究和冒险工程之一，备受世

阿波罗 11 号成员登上月球

人瞩目，这是人类历史上第一次真实地登上月球，这一伟大壮举的实现，其中蕴含着大批科学家和工程师的努力，其中冯•布劳恩在"阿波罗"登月计划中作出了很大贡献。二战中德国战败以后，物理学家冯•布劳恩博士作为"头脑财富"来到美国。1956年，他开始担任美国陆军导弹局发展处处长一职。他先后研制成了"红石"、"丘比特"、"潘兴式"导弹。其中"丘比特"C型火箭是美国第一颗人造卫星发射成功的关键保障。1970年，他又任美国国家航空和航天局主管计划的副局长，并兼任马歇尔航天中心主任。任期内，冯•布劳恩完成了航天飞机的初步设计。晚年他服务于提供卫星实际应用技术的一家公司，任副总裁之职。1977年6月16日，冯•布劳恩因患肠癌在弗吉尼亚州逝世。

太空站

航天事业飞速发展，最显著的一点表现在，人类从最初只能在太空中停留不到两小时，到可以停留三天，现在人类不满足于这短暂的停留，希望能长期在太空工作，所以又发明了一种庞大的航天器——太空站。

太空站是一种可在近地轨道长时间运行，可供多名航天员巡访、长期工作和生活的载人航天器，它需要航天器能够在太空中完成对接，就像两辆汽车以相同速度并排行驶在公路上，其中一辆车上的人必须准确地把东西递到另一辆车上。太空轨道跟公路不同，它是一个无形的轨道，而且人造航天器在太空中的位置靠肉眼是无法看到的，因为太空太大了。人类可以用新的通讯技术帮助一个航天器准确无误地寻找到另一个航天器，它们可以在同一轨道上并排前行。美国的双子星太空飞船最先尝试了航天器的对接。

1965年12月4日，"双子星6号"太空飞船发射到固定的轨道上，它在固定的轨道上一边飞行一边等待"双子星7号"太空飞船。第二天，"双子星7号"发射升空，飞行一段时间后，找到了6号飞船，它们在准备对接时，最近的距离不到30厘米，这是航天器第一次在太空对接，但是这次对接实验最终没有成功。

苏联与美国都在同步进行航天器对接实验。1969年1月14日，"联盟4号"飞船搭载一名航天员发射升空，在太空中准备对接；第二天，"联盟5号"飞船搭载三名航天员发射升空，在太空中找到4号飞船，两个飞船在太空中进行对接。对接过程顺利完成，"联盟5号"飞船上的一名航天员安全地转移到4号飞船上。这是人类历史上航天器在太空中的第一次成功对接。

1971年4月，前苏联的第一个太空站"礼炮1号"发射成功。随后联盟11号宇宙飞船升空，在太空轨道成功与"礼炮1号"对接，并向它送去3名航天员。这3名航天员在太空中生活和工作了24天，完成了很多科学实验。人类终于实现了长时间在太空停留的梦想。不幸的是，3名航天员在随联盟11号宇宙飞船返回地球时，因乘座舱漏气，全部遇难。

亚特兰蒂斯号与和平号成功对接

　　继"礼炮1号"后，前苏联又陆继发射了礼炮2、3、4、5号，虽然2号发射失败，其他三次成功。这些太空站只有一个对接口，被称为第一代太空站。

　　不久，前苏联发射了有2个对接口的第二代太空站——礼炮6、7号，并一次又一次刷新人类在太空的生活时间：210天、237天。

　　1973年5月14日，美国发射了第一个太空站——天空实验室。该空间站由轨道舱、过渡舱和对接舱组成，全长36米，最大直径6.7米，总重77.5吨，在435千米高的近圆空间轨道上运行。天空实验室在太空运行6年后，于1979年7月12日在南印度洋上空坠入大气层烧毁。

　　1986年2月20日，苏联的"和平号"空间站的主舱发射升空，这个主舱有两个接口，可以和空间站的其他部分交接在一起，形成一个巨大的太空站。这个空间站在太空中组装完成以后，航天员不断地来到"和平号"太空站中工作。"和平号"太空站最初设计的寿命只有5年，但因为它实在是太完美了，所以它在太空中工作了15年，后来经过人工控制，这个太空站在大气层中坠毁。

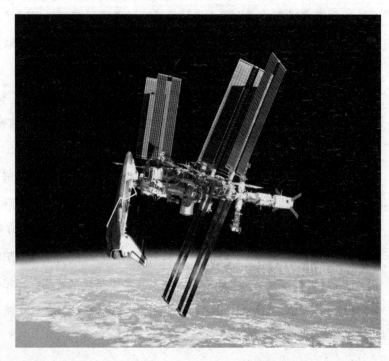

国际空间站

"和平号"是人类研究宇宙和地球的一条新通道，现在很多国家一起建造了一个新的国际空间站，各国航天员都可以随时来到这里工作。

探索茫茫宇宙

直到现在，我们仍然不知道宇宙到底有多大，它究竟是什么样子，但是人类马上要跨出太阳系了，完成这项任务的是"先驱者号"和"旅行者号"人造航天器。一共有两艘"先驱者号"航天器飞往外太空，它们分别是"先驱者10号"和"先驱者11号"；"旅行者号"航天器也有两艘，分别是"旅行者1号"和"旅行者2号"，这四艘航天器飞向不同的方向，帮助人类探索宇宙的奥秘。

前苏联于1961年发射的"金星1号"，是第一个金星探测器。美国在1962年8月27日发射的"水手2号"探测器，首次对金星的大气温度进行了测量。作为第一个成功探测金星的探测器，它还拍摄了金星的照片。

由前苏联研制的"火星3号"投放出的着陆器第一次实现了在火星表面的软着陆。之后美国发射的两颗"海盗号"卫星也都吸取了前苏联的经验，避开了尘暴，因而得以在火星表面展开进一步研究。

1972年3月3日，"先驱者10号"航天器开始了飞行航程。和前辈们相比，它的航程充满危机，因为它将穿越小行星带，去探索木星。值得庆幸的是，它最终成功地穿越了小行星带，出色地完成了探索木星的任务，随后，它开始飞向太空。

现在太阳对"先驱者10号"的吸引力越来越小，它最终将摆脱太阳的引力，慢慢地飞向金牛座恒星毕宿五。如果没有什么意外发生，200多万年后它就能飞到毕宿五的旁边。

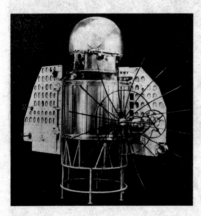

金星1号太空探测器

旅行者一号

1973 年，"先驱者 11 号"发射升空，它不光探测了木星，而且在木星的引力下改变了飞行方向，顺便探索了土星。在成功穿越土星后，"先驱者 11 号"也飞向了外太空，它的飞行方向正好与 10 号飞船的方向相反。

1977 年 9 月 5 日，"旅行者 1 号"发射升空，它的任务是探测木星和土星，以及它们的卫星和光环，在飞行三年后，"旅行者 1 号"成功完成了探索任务，它正沿着一个告别式的双曲轨道向太阳系外的宇宙飞去，尽自己最后的力量帮助人类了解宇宙。这个轨道的一端指向蛇夫座。现在"旅行者 1 号"已经飞到了太阳系边缘，至今为止没有任何人造探测器来过这里，它就是人类的眼睛，它能看多远，我们就能看多远，我们祝愿它一帆风顺，把人类的目光带向更遥远的宇宙深空之中。

到目前为止，人类所发射出的深空探测器已经有四个离开了太阳系。第一个飞出银河系的探测器为"先驱者 10 号"，于 1986 年 10 日通过了冥王星的平均轨道。1990 年 2 月，"先驱者 11 号"离开太阳系，在对木星和土星进行了一系列探测后，它向着宇宙的更深处出发。探测器帮助天体学家们更加细致地去探索遥远的星球，最大的成果便是帮助天体学家们解开了木星的大红斑之谜。虽然大红斑看起来是静止的，但它实际上是绕着粒状中心旋转的云团。"旅行者 1 号"在考察完土卫六后，于 1988 年 11 月离开太阳系。"旅行者 2 号"于 1989 年 10 月离开太阳系，朝天空中最亮的恒星天狼星飞去。

现在，科学家正在考察载人的深空探测器的可行性，在不远的将来，人类就有可能飞出太阳系，去探索茫茫宇宙的奥秘。

放射性元素

人类很早就知道了磷粉里放上铀盐会发光，但是一直没人能解开这个迷。1896 年，法国物理学家安东尼·亨利·贝克勒尔教授终于给了人们一个合理的解释。

为什么铀盐和磷粉放在一起会发光？这个问题一直在困扰着贝克勒尔教授，那时伦琴已经发现了 X 射线可以使照片底片感光，他决定也用底片试试，看看能有什么新的发现。贝克勒尔原以为是铀盐被太阳光照射而释放出某种射线，才导致磷粉发光。有一天，他做实验时突然下起了雨，只能等天晴以后再继续做了，他就把所有做实验的东西都放在了抽屉里。雨过天晴，

贝克勒尔

居里夫人

贝克勒尔要接着做他的实验，当他打开抽屉想检验一下底片时，发现底片感光了，底片上出现了一条线，显然是被什么光照射过，究竟是哪里来的光呢？没人打开过抽屉，唯一能给出合理解释的就是铀盐。在整个实验过程中，所用的实验用品，只有铀盐可能会发出光使底片感光。贝克勒尔的神经立刻兴奋起来，他迅速开始重新做实验，结果正如他所预料的那样，铀盐能发出一种射线，这种射线人眼是看不到的。后来，通过对含铀化合物和铀金属的进一步实验得出结论，铀元素能发出强光。

法国的居里夫妇在贝克勒尔发现铀之后，也发现了"镭"和"钋"两种放射性元素，这两种放射性元素对我们非常重要，医学上就是用镭来杀死肿瘤细胞的。他们的发现证明了自然界中确实存在放射性元素。

铀射线由三种不同的射线组合而成，分别是 γ 射线、α 射线和 β 射线，γ 射线不带电，α 射线带正电，β 射线带负电。在用 α 射线轰击原子的实验中，英国科学家卢瑟福教授发现，原子中还有一个原子核，他把原子核里的新粒子称为质子，但是这个质子只占原子核一半的重量，另一半会是什么呢？卢瑟福初步推断这另一半应该是由和质子等质量的离子组成的，而且这种离子不带电，他把这种不带电的离子称为中子。他无数次想通过实验找到中子，始终没有找到，直到离开人世。

1930 年以后，有人在做用 α 射线轰击金属铍的实验时，发现了非常强的射线，因为实验中所产生的这种强射线不带电，所以很难用常规的方法去研究它。当时的很多科学家并没有太在意这个射线，只简单地把它归类为具有超强能量的 γ 射线。这引起了卢瑟福的学生查德威克的注意，他认为这种射线就是中子，只是想不到一个更好的方法去证明。经过反复实验，查德威克终于找到了一个方法。他用这种射线和不同气体的原子互相碰撞，分析碰撞后的原子在通过云室时留下的痕迹。在对一系列的数据进行计算后，查德威克发现这种射线就是中子，它由一些粒子组成，这些粒子的质量和质子的质量差不多。这一新发现轰动了整个物理学界。科学家利用中子不带电的特性，去轰击原子核，这样就可以进一步了解原子核裂变对元素所产生的影响，中子将在人类社会中起到更大的作用。

原子能的威力

1932 年，英国物理学家詹姆斯·查德威克发现中子。中子的发现不仅使原子核理论终于完整，更重要的是，人们找到了一个准确轰击原子核的"炮弹"。它具有质子的质量，而且不带电。如果用它轰击原子核有一个很大的优势，即既不受外围电子的干扰也不会发生与原子核因同种电荷相排斥的现象，也就是说中子更有机会击中原子核。

1934 年 1 月，约里奥·居里夫妇公布了用 α 粒子轰击铝、镁、硼等轻元素产生人工放射性元素的实验结果。意大利物理学家费米看到这个报告后就想，如果改用中子作炮弹，也许不仅仅能使稳定的重元素变成放射性元素，而且有可能使不稳定的轻元素也变成放射性元素。这一假想很快得到了证实，同年，他用中子轰击铀，果然中子被吸收，放出 β 射线，得到了第 93 号"超铀"元素。

1938 年，约里奥·居里夫妇进行了类似费米的实验，得到原子序数增加了 1 的新元素，并证实新元素的化学性质和铀相同，也就是说它是铀的另一种形式，即我们现在说的同位素，这一认识在当时引起了科学家极大的兴趣。

约里奥·居里夫妇的实验成果同样引起了德国物理学家斯特拉曼的注意，重要的是，他从他们的实验结论里意识到一个天大的秘密将被揭开。那就是利用原子能，将质量变成能量。

原子弹爆炸

原子能发电厂

斯特拉曼读了约里奥·居里夫妇的论文后，当即跑去找他的合作伙伴、物理学家哈恩。哈恩读了论文后，非常震惊。他当即与斯特拉曼重复约里奥·居里夫妇的实验，弄清了用中子轰击铀核最终得到了什么元素，要知道铀93同样不稳定，同样会在中子的轰击下裂变，他们要弄清最终裂变的产物。结果让他们大吃一惊，最终的产物是与铀相隔很远的中等质量的元素钡和中子。

用中子轰击铀核，最终产生钡元素和中子，那么新产生的中子又可以轰击别的铀核，产生更多的中子，如此反复，大量的铀核就可以在极短的时间内裂变完！更为重要的是，在大量的铀核连锁裂变的过程中，会出现质量亏损，把新产生的钡原子和中子的质量相加时会发现，两者的和比原来的铀原子核质量小了一点，根据爱因斯坦的质能方程组，不足的部分质量应该是变成能量了。

这对制造原子弹和以后和平利用原子能提供了坚实的理论基础和实验基础！

哈恩虽然无法用这个方法引起连锁反应，但他却使全世界的物理学家都注意到可以利用这个发现研发新武器，要知道那时二战已经爆发，这种新武器一出现，就有可能决定战争的输赢！

1941 年 12 月，美国正式启动制造原子弹的工程，这就是著名的"曼哈顿"工程。1945 年 8 月 6 日，人类真正见识了原子能的威力。一个只有 4 吨重的原子弹"小男孩"摧毁了日本的一个海边城市广岛，它的爆炸威力和 1.5 万吨黄色炸药的相同。三天后，一枚威力更大的原子弹投在了日本的长崎，造成了同样的毁灭性效果，整个世界都为之震惊。从那以后，再也没有人怀疑原子能的巨大威力。

而在研制原子弹的过程中，美国科学家推断原子弹爆炸提供的能量有可能点燃轻核，引起核聚变反应，从而可以制造一种威力比原子弹更大的超级弹——氢弹。不久，在 1952 年 11 月 1 日，科学家将推断变成了现实——试爆氢弹成功。

核裂变与核聚变的实现不仅证实了爱因斯坦相对论的正确性，同时也揭开了人类开发和利用核能的序幕。这既是人类的福音，也是人类噩梦。核反应堆、核电站为人类带来新的能源，缓解一部分能源危机，但是全球数以万计的原子弹和氢弹，又使全人类时刻处在可怕的核战争阴影中。

电子计算机

自有数学计算以来，人类就一直在寻找一种能快速、准确运算的工具，以代替繁琐的手工计算。早在 2600 年前，中国就发明了最古老的计算器——算盘，它可以很方便、简捷地进行加减乘除运算。而在欧洲，直到 17 世纪才由帕斯卡发明了一种计算工具——计算尺。计算尺上有许多齿轮，把指定的尺子拉动到想要计算的数字时，齿轮就会转动，最后计算结果就会显示在另一个尺子上。这种尺子在进行简单的四则运算时很方便。

到了 1834 年，英国数学家

埃尼阿克

巴贝奇就曾提出用穿孔卡片携带计算指令控制计算过程的设计理念，设计了包括控制部分、运算部分和存贮部分的机械式计算机。但因缺少必要的技术条件，这种机器没有如期问世。很显然，巴贝奇设计的只是一种机械计算机，并没有利用电。不过他提出的几个部分却正是日后电子计算机的重要组成部分。

20世纪初，随着电力进入人们的日常生活后，人们就开始千方百计地利用电力为人类服务，发明运用电力的复杂计算机械代替人脑计算逐渐变得越来越迫切，毕竟电力转输的快捷、方便已改变了人类的生活方式。想想，只要轻按一下开关，无论路程多远，只要电力通达，电流可在一瞬间到达，几乎不需要时间。

1946年2月14日，美国宾夕法尼亚大学研制成功了世界上第一台电子计算机"电子数字积分计算机" 埃尼阿克（ENIAC Electronic Numerical And Calculator）。它是由美国军方为计算导弹飞行轨道而特地定制的。这台计算器使用了17840支电子管，它有6个房间那么大，重达28t（吨），体内有近两万个电子管和密密麻麻的导线，还有很多控制开关，功耗为170kW，其运算速度为每秒5000次的加法运算（运算速度相当于人的1000倍），造价约为487000美元。埃尼阿克的问世具有划时代的意义，标志着现代计算机的诞生。我们通常把这种使用真空管的计算机称为第一代计算机。

计算机超强的计算能力让科学家和工程师们都为之振奋，他们决心制造速度更快的计算机。冯·诺依曼提出以二进制作为计算机的运算原则，这样可以大大减少计算机所需的电子元件，而且计算速度要比原来的十进制快得多。在二进制里，"1"和"0"是基本符号，这两个数字可以通过电子信号的有无来表示，有电子信号通过电路时，电子

约翰·冯·诺依曼

第四代计算机 1984 年的苹果电脑

管就发亮，表示为"1"，没有信号时就表示为"0"，所以电子计算机用二进制更合理。比如计算机里的"2"和我们平时的数字"2"不一样，而是用"10"来表示，但为了使用的人看起来方便，计算机在输出结果时，会把结果转化为我们熟悉的十进制。工程师们接受了诺依曼的建议，所以第二台电子计算机"艾德瓦克"（EDVAC) 的占地面积不到埃尼阿克的三分之一，重量不到 8 吨，但是它的运算速度却远远快于埃尼阿克。这就是第二代机算器——晶体管计算机，相比于第一代，它的体积更小、速度更快、功耗更低、性能更稳定。

　　20 世纪 50 年代，集成电路出现了，很快应用在计算机上，1959 年第三代集成电路计算机问世。70 年代，超大规模集成电路制成的"克雷一号"的研制成功并很快普及，第四代计算机出现。

　　到了 90 年代，电子计算机开始向"智能"机发展。小型化、微型化、低功耗、智能化、系统化的第五代机算机已进入人们日常生活的各个方面，与人类社会的发展紧紧相连，成为了人们生活与工作不可缺少的伙伴。

电脑病毒

无所不能的互联网

电话的发明让人们哪怕相距千里，也能自如地通话；而电报的出现，就算隔着太平洋，人们也能快速传递文字信息。但它们与如今无处不在、无所不能的互联网相比，简直不值一提。完全可以这么说，从来没有哪项信息像互联网络一样给人类社会带来了如此翻天覆地的变化。有人说，人类现在每天在互联网上传递的信息总量，早已超过了20世纪之前所有世纪的文字信息的总和。互联网是人类社会有史以来第一个世界性的沟通平台，是人类走向信息时代的坚实基础，它已真真切切地颠覆了人类几千年以来的生活方式，真正做到"不出门，知天下事"。

20世纪50年代，受苏联第一个发射了人造地球卫星的影响，美国总统艾森豪威尔决定设立一个用来发展科学技术的机构 ARPA(Advanced Research Projects Agency)，以加快美国科学技术的发展。1969年，美国工程师把四个大学的计算机连接起来，组成一个叫做"高级研究计划专用网络"（英文缩写为ARPAnet）的通讯网络，这个通讯网络可以使这四个大学的研究机构随时沟通，这是世界上第一个互相联系起来的通讯网络。它奠定了 Internet 存在和发展的基础，较好地解决了异种机网络互联的一系列理论和技术问题。

1983年，ARPAnet一分为二，用于互相信息交

人们通过互联网实现了全球及时通信

流的 ARPAnet 和专门用于军事的 MILnet。与此同时，局域网和广域网也获得蓬勃发展。这些作为 Internet 的前身，为其发展打下坚实的基础。需要特别指出的是，美国国家科学基金会 NSF（National Science Foundation）建立的 NSFnet，将按地区划分的计算机广域网并将这些地区网络和超级计算机中心互联起来，它后来于 1990 年 6 月取代 ARPAnet 成为了 Internet 的主干网。而 NSFnet 对 Internet 的最大贡献就是，它向全社会开放，使用对象不再局限于科研机构和政府机构的人员了。

1990 年 6 月，NFSnet 彻底取代 ARPAnet 成为了 Internet 的主干网。NSFnet 对 Internet 的最大贡献是使 Internet 向全社会开放，而不像以前那样仅供计算机研究人员和政府机构使用。1990 年 9 月，Merit，IBM 和 MCI 公司联合建立了先进网络科学公司 ANS（Advanced Network &Science Inc.）。这是一家非盈利性公司，其目的是为了组建一个全美范围的 T3 级主干网。一年后，ANS 提供的 T3 级主干网完全与 NSFnet 的全部主干网相联通。

开始的时候，数据只能在单一网络传播，为了让数据能在网络之间传播，工程师们设立了通用网络地址，这个地址由一串数字和字符组成，每个网络都有自己独一无二的地址，同时还设置了传输控制协议 (TCP) 和互联网协议 (IP)，这样，不同网络之间就可以互相访问了。而随着个人电脑的功能越来越强大，很多个人电脑已经具有了多媒体的功能，已具备了使用互联网的能力。这一系列的科技革新，让互联网开始全方位面向个人服务的时代到来，各种商业网络也蓬勃发展起来。

互联网技术最早应用于各大学之间交换科学研究信息，用于大学和科研机构间传递信息。刚开始，互联网的传递速度很慢，而现在，互联网在一分钟内传递

互联网让世界不再有距离之隔

的信息和以前无法相比的。20 世纪 90 年代，互联网已经遍及政府机构、大学、研究机构和大型公司。随后，美国提出了"信息高速公路"计划，让每个人都可以通过互联网相互沟通。这个计划实施大约 10 年后，互联网已经在世界上绝大多数国家通用，从此人类的信息交流更加方便快捷，整个世界都发生了巨大变化。互联网的出现是人类通信发展技术发展史的颠覆性的革命，它如今早已经渗入了人类生活的方方面面，深刻地改变着人类的生产和生存方式，成为人们日常生活中不可或缺的一部分。

智能机器人

人类一直想造一个永动机，永远不知疲倦地为人类工作，可是这样的机器是不存在的。不过基于人们的种种美好幻想，也流传了很多神话故事。比如古代的腓尼基王子把龙牙种在地里长出了勇士，古希腊神话故事中的铸造之神制造了很多机械仆人，古代中国也有一个关于机器人的有趣故事。这个故事发生在周穆王时期，有一个叫偃师的人是一个机械工匠，他制造了一个会说话跳舞的机械人，从外形上看跟真人没有什么大区别。这个机械人几乎可以和真人一样自由活动，摸

智能机器人能帮
人们购物

它的下巴就唱歌，摸手就会跳舞，在表演结束时还会向女士们眨眼示好，国王见此情景非常生气，要处死偃师，偃师马上把机械人拆开给国王看，国王一看真的是假人，此事才就此罢休。

后来又有人发明了一些自动机器。18世纪时，有一个法国的著名发明家雅克·德·维克森发明了一个和真鸭子一样的机械鸭子，这个鸭子不但能像真鸭子那样吃饭喝水，还能拍动翅膀，更逼真的是还能够排泄。19世纪，被誉为"日本的爱迪生"的田中重久也发明了很多机械玩具，这些发明都功能各异。

起初，所谓的自动机器其实都靠人工操作才行，然而在1939年的纽约世博览会上，一个机器人的出现引起了人们的广泛关注。这是西屋公司制造的机

智能机器人能互相交流

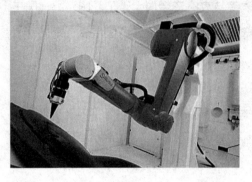

机械手

器人，高大约 2 米，有 120 千克重，和人长得差不多。这个机器人会做真人的很多动作，而且听到人的命令就会做相应的动作，算得上是真正脱离了手工操作。即使这样，在大家眼里仍然只是个机器人，到底什么样的机器人才是和人一样的智能机器人呢？是不是能够随意回答人们提出的问题就具有智能了呢？但机器人没有记忆，也不会思考，而人提出的问题会五花八门，机器人是回答不上来的，所以说，机器人永远不能真正替代人去工作。

不过，人还是可以利用机器人为人类做很多重复的体力劳动的。1954 年，乔治·德沃尔发明了一个可以通过编程控制的数字机器人，这个机器人用来代替人力完成汽车制造工厂流水线上的工作，这些机器人都有一个很长的手臂，用电子计算机可以控制这些手臂做一些简单的工作。如果想要完成更复杂的工作，就必须进一步提高计算机和控制程序的水平。

第 **14** 章

镜 子

镜子在人们的生活中很常见，我们几乎每天都要照镜子。在最远古的时候，人们只能通过河水照见自己的模样，我们可以看见很多古代电影里的美女都是坐在河边梳头。多少年过去了，没有人研究为什么河水能照见影子。也许有一天，有人会突然对这件事情产生好奇：每天都要到河边去照自己的模样太麻烦了，能不能有个更好的办法可以在家里就能照见面容呢？当然可以，比如把水盛在容器里也能照见面容，这样就可以不用出门了。

一些石头经过打磨可以照见人的模样，但不是很清晰。在中国流传着关于镜子的这个故事源于一个皇后的发现。已经记不清是什么朝代了，

青铜镜

古人以水作镜子

有一个长相丑陋的皇后，她从来不愿意去河边，不愿意看到自己的形象，也不愿意让别人看到。在一次偶然的采石中，她发现了一块亮亮的石片，便带回宫里，等晚上再拿出石片时，她发现这个石片能照见人的样子，她又把石片打磨得光滑一些，这回好多了，可以很清楚地照见自己的模样了。她没有把这件事告诉别人，她不想让别人也拥有这样的东西，每次都是偷偷地拿出来用。有一次，

她的脸划破了，她让仆人拿着镜子，自己往伤口上药，这个时候皇上进来了，她来不及把镜子藏起来，皇上看见了非常好奇，问她这是什么东西，她不敢隐瞒，拿着镜子给皇上看了，皇上看后非常高兴，夸赞皇后是一个发明家，中国最早的镜子便是这位皇后发明的。西方关于镜子的故事也有很多个，但都是一些民间传说。

在以后的许多个世纪里，人们都是用金属制作镜子。在玻璃真正出现之后，才出现了真正意义上的镜子。把玻璃的一面涂上金属，不让光透过去，这样就可以非常清晰地照出人的模样来了。用玻璃做镜子的成本要比用金属节省很多，所以，玻璃镜子成为老百姓人人都能买得起的东西。玻璃的作用不但仅仅体现在镜子上，它还能做成望远镜，为天文发现作出了巨大贡献，这就是把玻璃作为人类历史上的伟大发现的重要原因之一。玻璃可以改变光的方向的特性，决定了它将为人类做出重大贡献。

反射式望远镜

从前，人们一直认为天空中没有什么特别的地方，永远都是一个样子，可当人类发明了望远镜以后，所有的一切都发生了改变，天空中竟然有那么多不为人知的东西存在，人类开始利用望远镜探索太空。伽利略是第一个利用望远镜观望太空的人，他发现了月亮上的海洋、木星的四个卫星、土星的周围一直有美丽的光环围绕，这一系列发现，开始了人类探索太空奥秘的革命。紧接着，开普勒也发现了太空中的奥秘。

开普勒被人们称为"天空立法者"。他和伽利略生活在同一个时代。水星、金星、地球、火星、土星、木星一直在围绕太阳运转，这是开普勒发现的，这是前所未有的发现，开普勒的这些重大发现离不开他的老师第谷近 30 年对天空观测的结果，以及积累的足够多的数据。

开普勒对望远镜进行了改进，从而能够更清晰地观测天空。他把目镜和物镜都用凸透镜做成，再在其中加上一个小零件就可以使本来观测到的倒立的图像成正的。现在，我们用到的双筒望远镜就是开普勒的发明，双筒望远镜是折射望远镜，这种折射望远镜的目镜和物镜的距离必须调到合适的位置，才能清楚地看到所观测的物体，否则，看到的物体就是模糊的。你可以找一个双筒望远镜试看一下就明白了。目镜与物镜的距离如果调整不好的话，会使观测的物体周围有一个光圈，从而引起色差，如果想减少色差的话，就必须制作长筒望远镜才行。荷兰科学家惠更斯在 17 世纪时制作了一个巨大的长筒望远镜，通过这个望远镜可以清楚地看到土星外围的一圈光圈，惠更斯在观测光圈的时候又发现了土星有一个卫星——提坦星。

惠更斯

如果想更清楚地观测宇宙，必须有大型望远镜才行，可是制作大型望远镜必须要有更高的技术才行，这在当时来说很难办到。可是牛顿解决了这一难题。牛顿生活在 17 世纪，是英国的科学家，他为人类作出了很多重大贡献，万有引力定律就是通过他的观测总结出来的。这一伟大定律的得来源于一个苹果。

1665 年，牛顿为了躲避伦敦的瘟疫，暂时到乡下居住一段时间。他喜欢在乡下的果园中边散步边思考问题，这期间他正在思考哥白尼提出的日心说，他想弄明白行星为什么会一直围绕着太阳运行，但是始终不会偏离方向呢？这到底是一种什么力量始终拽着行星不远离太阳呢？他刚坐到一棵树下休息，突然一个苹果从树上掉下来正好砸在他的头上，这个苹果并没有被牛顿生气地扔掉，而是引起了牛顿的更深一步的思考，苹果为什么不掉到天下去，为什么所有物体都会掉到地上呢？难道是因为脚下有什么力量始终在牵引着这些物体吗？但是月亮却为什么不会掉到地上呢？人为什么不能飞到天上而是可以平稳地在地上行走呢？这一系列的疑问一下子全涌到了牛顿的脑子里，到底是一种什么力量呢？那个时候已经发现了月亮一直在围绕地球运转，月亮受到的力和苹果受到的力是一样的力吗？月亮如果没有受到力，应该是沿直线运动，而不是始终围绕一个物体转动，由此，他肯定月亮和苹果是受到了同一种力的牵引，所以月亮不会飞走，苹果会落到地上，牛顿又由此想到了所有行星的运动，他认为行星一直围绕太阳运动也是因为受到了一种力的牵引，这个牵引力和苹果、月亮受到的力一样，他最终把这种力统一定义

叶凯士天文台的折射望远镜

大型反射望远镜

为"万有引力"。

　　当瘟疫过去后，牛顿回到剑桥大学开始研究光学，对观测光的望远镜进行了改进。他认为，如果望远镜能够足够多地收集到被观测物体发出的光，就可以观测清楚这个物体，他利用此原理制作了一个反射式望远镜。他制作的这种反射式望远镜有一个很长的大镜筒，这个镜筒能够尽可能多地收集一些光线。镜筒的一端是敞开的，当光从这里进入镜筒后，后面的凹面镜会把进来的光线全反射在一个平面镜上，光经平面镜再反射到一个凸透镜上，把所观测的物体放大，我们就能看清楚了。这种反射式望远镜制作成本低，观测距离远，成为了观测天文现象的重要工具。

这种反射式望远镜的出现，引起了整个欧洲的轰动。人们可以利用这个望远镜观测到更遥远的星体，能够更多地了解宇宙的奥秘。为了能观测到更遥远的太空以外的东西，很多天文台制作了巨大的望远镜，镜筒有数十米长，筒径有数米粗，只要能尽可能地多收集光线，就会观测到更多的天体。反射式望远镜为人类揭开太空的奥秘作出了巨大贡献。

牛顿发明的反射望远镜

天王星和海王星

威廉·赫歇尔是一个天文爱好者，他最初自己制作望远镜，并把所有积蓄都花在了望远镜上，由于折射望远镜的制作成本太高，他只能选择制作反射式望远镜。

1776 年，他成功地制作出了两台反射式望远镜。这两台望远镜比其他天文学家的望远镜看得要更远些。

从 1779 年开始，赫歇尔每天晚上都会坐在望远镜前观测天空，他把所有观测到的星星的位置都画下来，编成了一本星表。1781 年 3 月 13 日的晚上，赫歇尔照例用望远镜观测天空，当转到金牛座时，他发现有一个亮斑在金牛座附近滑过，他断定这个亮斑肯定不是恒星，因为望远镜观测不到恒星，但这个亮斑会是什么呢？他决定再继续观测几天看看。

经过了四天的观测，赫歇尔发现这个亮斑在天空中几乎没有移动，或者仅仅移动了一点，为什么它会走得这么慢呢？这个亮斑应该不是一个新星，也不会是恒星，哪是什么星呢？他把这个新发现公布了出去。格林尼治天文台和牛津天文台对赫歇尔的发现进行了仔细观测，天文学家们经过很多的数据计算，

王天星

最终确定了这个不明的星星和地球一样在不停地围绕太阳公转，它是太阳的一颗卫星，而且距离地球非常遥远，被天文学家们命名为"天王星"，我们用肉眼是看不到它的。天王星是人类在几千年的历史上被首次发现的另一颗太阳系行星。天王星的出现让我们意识到，在那遥远的太空中还有太多太多的奥秘等待着我们去揭开。

在对天王星进一步的观测中，发现了一个奇特的现象，天王星的运行轨道并不总是在一个特定的区域里，而是有时会偏离轨道，这是什么原因导致的呢？唯一可让人信服的说法就是可能还有另外一颗星星在牵引着天王星，才使它有时会偏离自己的运行轨道。

1846 年，经过英国天文学家亚当斯和法国天文学家勒威耶的精密计算，算出了人们猜想的未知行星的质量和运行轨道，他们把这一计算结果寄到了巴黎天文台。巴黎天文台接到这个消息后立即开始寻找这个新行星。在当年 9 月 18 日的晚上，这个观测团队终于在勒威耶预测的轨道附近发现了这颗行星，星表上没有这颗星的记录，经过进一步观测，天文学家最终确定了这颗行星就是那颗未知行星。这颗新行星是在发现天王星之后太阳系中的第二颗大行星，牛顿的万有引力定律再一次得到了证实。人们从此对牛顿的万有引力定律深信不疑。这颗新行星就是现在我们知道的海王星，这颗星其实是经过人们的推测存在才观测到的星星。人类的智慧是无穷无尽的，人们将用自己的智慧去探索更多宇宙的奥秘。

熄灭的白矮星

　　1834 年，英国著名天文学家弗雷德里克·贝塞尔，发现了天狼星的运行轨道是一个波浪线，这个运行轨道和其他的恒星不一样，基本上所有的恒星都是沿着一个大圆弧形运行，而天狼星的运行太特别了，它为什么会划出这样的运行路线呢？没有别的解释，只能有一个原因，那就是在天狼星的附近还有一颗伴星在围绕着它运动，而这颗伴星始终有一种牵引力在牵引着天狼星，所以天狼星的运行轨道才会是一个有规律的波浪线。贝塞尔在经过合理的推测之后，计算出了这颗伴星的质量以及它与天狼星的距离。虽然知道了这颗星的大概位置，但是贝塞尔却始终没有在望远镜里看到过这颗伴星，为什么会这样？这颗星星一定存在，可能是在观测的时候这个星星正好躲在了天狼星的后面，贝塞尔几乎天天都守在望远镜前观测这颗伴星，可是在他有生之年没有能等到这颗星星的出现。

　　1862 年 1 月 31 日的夜晚，美国天文学家艾尔文·克拉克，在调试自己的新望远镜时正好把镜筒对准了天狼星的位置，克拉克惊奇地发现在天狼星的附近有一颗小红点，这个红点发出微弱的光，光线很暗，这是不是一个新的天体呢？他又反复观测了一段时间，最后他终于断定，这颗红点就是当年贝塞尔发现的那颗天狼星的伴星，

天狼星

白矮星

可是这颗星星为什么发出这么微弱的光呢？计算出它的质量应该和太阳差不多，可是发出的光却为什么这么暗呢？在很长一段时间里没有一个天文学家能解释这个问题。现在我们知道了这颗星叫白矮星，它是一颗已经熄灭的星星，所以发出的光很微弱，将来太阳也会和这颗白矮星一样熄灭，人类在太阳熄灭之前，一定要再找到一个星球适合人类居住才行。

白矮星的发现使人们对宇宙又有了一个新的认识，科学家们的推测与探索将揭开人类未知的秘密。

第**15**章

细胞学说

在古老的年代，人们把萤火虫看作神奇的昆虫，它不但会发光，而且不需要虫卵，就可以在腐烂的植物中生出来。人们还认为，蜻蜓也是没有虫卵的，是从水里自然生长的，蝉也是从土里面自生出来的。这些想法，在我们现代人看来太可笑了。到了 17 世纪，有人发现了昆虫是怎么出生的了。荷兰科学家安东尼·凡·列文虎克是世界上第一个发现昆虫生长秘密的人，而且第一个提出：昆虫是从卵里孵化出来的。

列文虎克喜欢磨制透镜，他曾经磨制出一个放大镜，可以把蚂蚁放大到像一只山羊那么大。他喜欢用放大镜去观察一些

列文虎克

细小的东西。在放大镜下面，他看到了很多关于自然界的秘密。列文虎克还会制作显微镜，显微镜可以观测到人的肉眼看不到的东西，显微镜更让他发现了太多的关于自然界生物的秘密。他最开始用显微镜观察的是水滴，他发现水滴里有些小虫子在游动，他并不知道这些小虫子是什么东西，但是他的这一举动把人们带到了微观世界。

很多人知道了列文虎克的发现，也纷纷开始用显微镜观察水滴，或者观察其他东西。1665 年，英国科学家罗伯特·胡克在用显微镜观察软木塞时，看到了一个个小格子，他把这些小格子称为细胞。软木塞中的细胞其实是已经死了的细胞，真正的细胞应该是活的。用显微镜观察是有限度的，看不到一些更微小的结构。一直到了 1827 年，俄国科学家贝尔用显微镜观察到哺乳动物的卵子内好像还有东西，从此，科学家们才开始重视细胞的内部结构。他们想出了一个好办法，给细胞染色，这样可以很清楚地看到细胞内部有细胞核和一些别的结构。这一重大发现，使人们从此揭开了微观世界的秘密。

1837 年以前，德国的植物学家马蒂斯·雅克比·施莱登，通过显微镜观察到了植物细胞，经过对一系列植物的观察，他得出了一个结论：所有植物都有细胞。植物细胞内部有一些细丝，细胞内部两端有两个小核，是细胞核，这两个细胞核把这些细丝朝相反的两端拉，细丝被拉断了就被细胞液包起来，这样，一个细胞就变成了两个。施莱登把这个发现告诉了卢安大学的施旺教授，施旺教授觉得这是一个重大发现，他又把这个发现进行了推理之后，形成了一个细胞理论。施莱登和施旺的细胞理论认为：动物和植物都是由细胞构成的。

在人们的进一步研究中，显微镜的倍数也得到了不断提高，在高倍显微镜下，研究者能够更加清晰地看清细胞的内部结构。在对植物和动物的细胞做进一步研究时发现，植物细胞和动物细胞完全不一样，不仅外形不一样，内部也不一样，最明显的就是，植物的细胞内部有一个气泡，而动物的细胞内部却没有。

在研究细胞学的同时，生物学家们又开始研究动物和植物的起源。一些博物学家喜欢把具有相同特征的生物进行归类，这样在研究的时候就可以研究这一类中的几种，不用全部都一一进行研究，省去了很多麻烦。但是在归类的时候，一些博物学家产生了很多新的想法。

19世纪初期，法国的动植物学家拉马克对研究动植物有着浓厚兴趣，而且在这方面有着丰富的知识。经过研究，拉马克得出结论，他认为现存的所有动物都是从低等动物进化而来的，长颈鹿就是最好的例子。拉马克对长颈鹿的解释为，其实最初的长颈鹿的脖子并不长，只是因为要适应不断变化的环境，为了生存它得尽量伸长自己的脖子去吃大树上的树叶，它的脖子就在每天不断伸的过程中慢慢拉长了，而它的后代也遗传了这个基因，脖子也会变长。在拉马克认为，只要这个动物的身体内部发生了改变，那么它的后代也会遗传它的这个变化。在我们现在看来，知道拉马克的理论其实是错误的，后天的变化一般很少会遗传给后代，只要基因不改变，就不会遗传给后代。

在19世纪，进化论还不完善，没有更多的证据去支持这个理论。不过那时期的进化论影响了一大部分人，并引起了很多人的兴趣。查理斯·达尔文是19世纪时期英国的著名博物学家，他在环球考察过程中，发现了很多现象只能用物种进化论来解释。

1856年，达尔文写了一本关于进化论的书——《物种起源》。在这本书中，达尔文很好地解释了物种进化的规律。他认为，物种是在不断变化中的，但前提是这种变化要适应它所处的环境，如果不适应环境就会被淘汰，只有能不断适应环境的物种，才会有物种的延续。不过在这本书中，达尔文没有进一步说明物种是如何变化的，只是说明遗传因子发生了改变，那么下一代也会跟着变化。对于这一点，欧洲的博物学家孟德尔作了进一步补充说明。

达尔文

达尔文进化论

孟德尔为了证明生物的一些表面特征可以遗传，他自己种了一小片豌豆，看看不同品种的豌豆长出来的有什么区别。孟德尔把高茎豌豆和矮茎豌豆杂交种植，结果长出来的豌豆都是高茎的。然后让第二代高茎豌豆互相授粉，看看第三代豌豆有什么变化。在第三代豌豆中，高茎和矮茎的比例在4∶1左右。不同代的豌豆不光有高矮的区别，种皮的颜色和豆荚的外形也有变化。孟德尔由此总结出了遗传规律，并肯定了生物的所有性状全部是由基因决定的，在遗传时，基因会各自分开任意组合。然而，孟德尔的遗传规律并不适用于自然界的所有生物，只适用于有性生殖的生物。孟德尔提出的基因理论被认为是正确的，不过基因到底在生物体内的哪个部分，生物学家们接下来开始努力寻找基因，其实，基因就藏在细胞里，他们最终找到了基因。

DNA 双螺旋结构

1869 年德国医学博士米歇尔最早发现 DNA。他在试图制取纯细胞核的过程中注意到，处理后的细胞核中还存留一种含磷很高而含硫很低的强有机酸。这种有机酸的溶解度以及它对胃蛋白酸的耐受性，暗示了它是一种新的细胞成分。他称这种物质为"核酸"。这是人类最早发现 DNA。

孟德尔

1883 年，德国生物学家威廉·鲁克斯知道细胞在染色后可以观察到一些细丝，他猜测遗传物质应该就在这些细丝上，后来这些细丝被命名为染色体。科学家们发现染色体能够自由分裂和自我复制，这种行为和孟德尔描述的基因分离规律一致，生物学家也因为发现了这个事实而对寻找基因的信心大增。

1911 年，摩尔根通过长期的实践与探索，终于肯定了染色体就是遗传基因，他还探索了基因的部分缺失、重复、倒位和移位等畸形变异，从而解开了生物变异之谜，弥补了达尔文进化论的不足。

到 20 世纪 30 年代，随着生物化学家对核酸的进一步研究，得出了核酸的分子结构，发现它是由糖、磷酸、有机碱三种物质组成的，而且还得出其实有两种核酸：核糖核酸（RNA）和脱氧核糖核酸（DNA）。

1944 年，美国生物学家艾弗里用著名的"肺炎球菌转化实验"证实了 DNA 就是遗传基因。他把光滑型肺炎球菌的 DNA 分离出来，加入到粗糙型肺炎球菌

詹姆斯·沃森和
弗朗西斯·哈里·康普顿·克里克

中，结果它们全都转化成了光滑型。这表明 DNA 上带有全部的遗传信息，而与 DNA 在一起的蛋白质却没有这种功能。 1951 年，英国生物学家维尔金斯和女生物学家富兰克林拍出了 DNA 的 X 射线衍射图。富兰克林还对图像进行了定量分析，这为 DNA 双螺旋结构的发现打下了基础。

不过最后揭开 DNA 神秘面纱的是美国生物学家弗兰西斯·克里克和詹姆斯·华生。1951 年，他俩用厚纸制作了分子模型，以童稚的方法挑战这个问题。他们知道 DNA 分子是小分子的集结，所以先用厚纸做出各种小球，然后改变这些小球的组合方式，得出各种形状的 DNA 模型。

沃森和克里克的 DNA 结构

　　1953 年 4 月，克里克和华生成功地做出了与"影子"或化学性质等资料相符的分子模型。这个模型是 DNA 分子交缠形成的两条长分子链，由旁边伸出的"手臂"互相连接，像是几百万阶的长螺旋梯。

　　克里克和华生还提出来的 DNA 复制的机理：在 DNA 的复制过程中，DNA 的双螺旋先分成两个单链，每个单链以自己为"模板"，用细胞内的物质合成与它配对的那半个单链，组成一个新的 DNA 分子，细胞内就有了两个 DNA 分子，它们一分为二，就变成了两个细胞。如此反复，生物便一代一代稳定地遗传，但是 DNA 分子在复制的过程中偶尔也会出现一点儿差错，这样就会造成物种的变异。克里克和华生的发现掀起了一阵旋风，事实上，说它是 20 世纪最大的发现也不为过，甚至有人认为克里克解开了"生命之谜"。DNA 的"双螺旋结构"立即为许多人所知，它和爱因斯坦的脸一样，成为 20 世纪科学的象征。

　　DNA 双螺旋结构的发现后来被誉为"20 世纪世纪生物学中最伟大的发现"和"生物学中的决定性突破"，又被视为分子生物学诞生的标志，为今天生物工程学的蓬勃发展开辟了道路。今天，科学家依然在继续研究 DNA 分子和基因，基因理论也已经应用在农业和医学领域，因为科学家的努力工作使我们进入了基因时代，人类开始向那些顽固疾病展开挑战。

基因时代

　　19 世纪，欧洲流传着一种奇怪的疾病，生病的人与普通人表面看来没有什么差别，但是如果这个病人身上不小心划破一个口子，就会血流不止，严重的话，可以致命，这种疾病就是血友病。血友病曾经在欧洲皇室间流传，并对这些患者做了详细记录，这些记录可以帮助基因科学家了解血友病的历史。

　　欧洲皇室成员中，维多利亚女王的儿子利奥彼德王子是最早患有血友病的人。很小的时候就检查出他患有血友病，他的膝盖经常疼得不能动，在他 31 岁时，不慎滑倒导致膝盖受伤流血，最终因失血过多而死亡。奇怪的是，维多利亚女

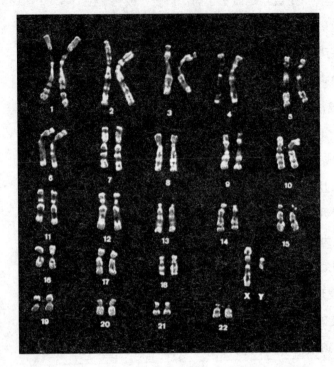

23 对染色体

王的女儿们都没有血友病，但是她的外孙却有。维多利亚女王的二女儿爱丽丝公主嫁给德国海塞路易斯王子（后来的路易斯公爵四世），他们的儿子弗雷德里克王子在三岁时被诊断患有血友病，这个孩子曾经因为耳朵被划了一个伤口，流血三天，后来在一次意外事故中从高处掉落，导致脑出血夭折。

在皇家血友病的记录中，没有女性患病，都是男性，在当时没人能解开这个迷。今天研究基因和遗传病的科学家给出了一个最合理的解释，这与人类的染色体有关。我们每个人都有 23 对染色体，其中有一对是性染色体，根据形状把这对性染色体称为 X 染色体和 Y 染色体，一个人的染色体是 XX 型，就是女性，是 XY 型就是男性。X 和 Y 染色体上都携带有很多基因，现在的科学家认为血友病是因为 X 染色体出了问题。维多利亚女王的儿子患有血友病，而维多利亚女王没有血友病，她的祖先中也没有人得过这种病，所以推测肯定是维多利亚

人类基因组计划

女王的一条 X 染色体发生了变异，而利奥彼德王子身体里的 X 染色体正是这条有缺陷的染色体，所以他得上了血友病；女王的女儿爱丽丝公主体内继承了女王的那条变异的染色体，不过她身体里的另一条 X 染色体是正常的，所以她没有得血友病，而她的儿子也从母亲那里得到了有缺陷的 X 染色体，一出生就成了血友病患者。

　　遗传性疾病有很多，血友病只是其中的一种。类似的遗传病还有色盲，这种疾病是道尔顿最先发现的，因为他就是一个色盲患者。现在，虽然人类已经知道了遗传病的成因，但是目前还没有更好的方法去治疗这种病，在未来，也许基因工程可以帮助那些遗传病人。

　　基因工程这项技术十分浩大，它通过改变物种的基因来影响物种的生理特征，比如改变农作物的基因，使产量增加，或改变苹果的基因，使它的口感更甜。

现在最常用的改变基因的方法是把需要改变的基因加载在病毒基因中，让病毒 DNA 把整段基因转移到目标细胞染色体中，从而达到改变基因的目的。但是这种方式也引来一些质疑，因为大多数人一听到病毒就有些害怕，所以科学家的这种转移基因的方式让人多少感到惧怕。

克隆技术和转基因技术

"转基因"和"克隆"这两个词，对现在有过中等学历的人来说，应该不陌生。转基因食品如今已充斥世界许多角落，我们在市场上也随处可见。而克隆技术也不例外，自从 1996 年"克隆羊"出现后，整个世界就引起了对"克隆人"的争议和恐慌，许多国家纷纷出文明令禁止"克隆人"。

20 世纪 60 年代，生物学家已经成功地破译了全部 64 种遗传密码的含义，并基本弄清了 DNA 是如何工作的，即克里克提出的"中心法则"。DNA 在复制过程中， DNA 的双螺旋先分成两个单链，每个单链以自己为"模板"，用细胞内的物质合成与它配对的那半个单链，组成一个新的 DNA 分子，细胞内就有了两个 DNA 分子，它们再一分为二，变成两个细胞。但是 DNA 分子在复制的过程中，偶尔也会出现一点差错，这样就会造成物种的变异。

既然 DNA 分子在复制过程中可能出现差错，那么有没有可能人为制造差错，从而改变 DNA 分子的遗传信息呢？如果能这样的话，遗传信息就有可能人为控制，从而培育出

克隆羊多利

更新更优良的品种。这真是一个大胆的想法，也是一个可以尝试的想法，科学家们正是这样做的。

美国的遗传学家通过掺入某种特别的物质发现了拆解DNA双螺旋构造的方法。

用这种方法移入某特定的遗传基因，这个遗传基因就会和暂时分离的DNA分子合为一体。这些学者也成功制造出全新的DNA分子，这种分子含有人工移入的遗传基因。这样的技术被称为"遗传基因操作"。打个比喻，就好像在DNA图书馆的一本书里面加上全新的章节，也就是我们现在说的转基因技术。

那么克隆呢？克隆，简单地说就是无性繁殖，即由同一个祖先细胞分裂繁殖而形成的与原个体有完全相同基因组之后代的过程，该后代中每个细胞的基因彼此相同。我们现在通常所说的克隆是指，科学家通过人工遗传操作动物无性繁殖的过程，这门生物技术叫克隆技术。

克隆也可以理解为复制、拷贝，就是从原型中产生出同样的复制品，它的外表及遗传基因与原型完全相同。

在自然界，有许多植物天生就会进行无性繁殖，常见的如柳树、马铃薯、玫瑰等能插枝繁殖的植物。许多低等动物也会进行无性繁殖，如蚂蟥、蚯蚓等，你将它们砍成几段，这几段就会独立形成一个个体。

但是，需要两性交配才能繁殖产生后代的高等动物，一般是不可能进行天然无性繁殖产生后代的，就像你不可能想象一个孩子出生了，他只有母亲，没有亲生的父亲。

随着科技的发展，这些不可能想象之事，如今在许多高等动物身上变成了事实。早在20世纪50年代，美国科学家就以两栖类动物如蛙和鱼类作研究对象，成功进行了细胞核移殖技术，首创了动物的无性繁殖。1986年英国科学家威尔默特首次把胚胎细胞利用细胞核移植法克隆出一只羊，这是首例通过无性繁殖产生的哺乳动物。随后，世界各国陆续有人相继克隆出牛、羊、鼠、兔、猴等动物。

需要指出的是，上述科研成果引起的轰动效应是没法与克隆羊"多利"相提并论的，毕竟它们都是用胚胎细胞作为供体细胞进行细胞核移植而获得成功的，而胚胎细胞多少带有"遗传性"。而克隆绵羊"多利"的供体细胞是乳腺上皮细胞，它和胚胎细胞不一样，是高度分化的细胞，很难回到胚胎细胞时期的性状。用它进行细胞核移植并获得成功，说明高度分化的细胞也能回到胚胎细胞的状态。这意味着人类可以利用哺乳动物的一个普通细胞大量繁殖出完全相同的生命体，从而完全打破了亘古不变的自然规律。这是生物工程技术发展史中的一个里程碑，也是人类历史上的一项重大科学突破，是生物学上一个非常轰动的成果。人类在震惊中从此迈入克隆时代。

从严格意义上说，现在对高等动物的克隆，实质上也是一种转基因技术应用，这与以往的植物无性繁殖还是有差别的。

例如，从人的DNA分子中取出遗传基因植入老鼠的DNA分子里，这么一来，通常只有人才有的特性也会在这只老鼠身上显现。这种做法也惟有在所有生物具有共通的DNA"语言"时才行得通。也就是说，既然老鼠细胞能够从人的遗传基因中读取信息，这份信息就和老鼠原本的遗传基因一样，可以活用！这种技术发展到现在至少已有好多年了，以后的运用应该会更频繁。遗传基因学者曾组合两种细菌的遗传基因，成功培育出可耐虫害的谷物，也制造出能把造纸厂排放的废油"吃"干净或是能把残余物变成砂糖的细菌。甚至在羊、牛的受精卵DNA分子中加入人的遗传基因，使这些动物分泌出对人体健康有益的奶汁。这种动物被称为"转基因动物"。以后，使用老鼠、土拨鼠等容易运用的小动物进行遗传基因转换的实验会越来越常见，例如，美国学者已经制造出易患癌症体质的老鼠，可以普遍用在癌症的研究上。

如今，克隆技术已广泛应用于生产实践之中，其潜在的经济价值十分巨大，故而被誉为"一座挖掘不尽的金矿"。不论在杂交选种，还是在挽救濒危物种方面，甚至在医学治疗上，克隆技术都拥有巨大优势。

第16章

化 石

很早就有人发现，有些石头看起来很奇怪，这些石头和骨头很像。古希腊学者亚里士多德对这些石头进行了深入研究，他认为这些石头像是一些死去动物的遗骨，但是这些遗骨已经存在了太长时间了，以至于人们可能无法准确地计算出它的生存年代。他和他的学生推测这些石头有可能是史前生物留下的。人类从15世纪开始研究化石，并且已经证实，这些化石就是已经死亡的生物的遗骨。之后，人们又陆续发现了很多化石。随着化石的不断出现，人们对化石的研究也有了进一步深入，并且基本能够推断出化石的产生过程。通过对化石的不断深入研究，我们大概可以追溯文字的起源年代，而且能复原数亿年前地球上的生活场景。

吉迪恩·阿尔杰农·曼特尔是英国的一名医生，酷爱研究化石。一天，他的妻子发现了很多巨大的牙齿样的石头，曼特尔又在那些化石附近找了一些碎片，他多方收集这类化石，但是找不到哪些动物的牙齿和这些化石相像。偶然一次，他看到美洲鬣蜥的图片，发现美洲鬣蜥的牙齿和自己发现的化石形状相似，他

恐龙化石

以此推测这个化石原型应该是一个爬行动物，肯定和鬣蜥有一定的关系，他把这类化石称为"禽龙"，意思是"鬣蜥的牙齿"。

在接下来的三十多年中，人们又发现了很多和禽龙相似的化石，生物学家们最终证实，这些化石是地球上早已灭绝的爬行动物的化石，并称这些远古动物为"恐龙"。据他们推断，这些动物曾经在地球上大量生殖繁衍。

恐 龙

　　生物学家根据动物的骨骼结构，把发现的恐龙化石重新拼接起来。他们原来看到的化石只是零散的碎片，当把这些碎片拼接起来以后，所有的人都吓了一跳。这个动物的身体必须用"庞大"两个字来形容，它高5米，重3000千克。这个数据一公布，吸引了全世界的目光。后来，人们在世界各地又发现了众多的恐龙化石。经过进一步研究发现，恐龙的体型有很多种，有两条腿走路的，也有四条腿走路的。

　　1887年，美国恐龙研究者科博把发现的海洋爬行动物化石重新拼接起来，这个爬行动物长长的脖子上长了一个和身体比例极不协调的小脑袋，有人嘲笑他把脑袋装错了位置。后来经证实，科博并没有拼错骨骼，这具化石是蛇颈龙的化石。

恐 龙

恐　龙

这些恐龙生活的年代到底离我们有多远呢？为什么现在找不到这种爬行动物了呢？这种动物为什么会集体消失了呢？一系列的问题都等着古生物学家一一揭开。开始时，生物学家们也对这些问题百思不得其解。科学家曾经计算地球只存在1亿年，但根据这个时间来算的话，和物种的进化时间不相符。

20世纪初，物理学家找到了一个可以测量化石年代的好方法，即利用放射性元素来测量。测量的结果又是叫人大吃一惊，1.4亿年前就有禽龙了，2亿年前就有恐龙了，那么地球存在多少年了呢？这时科学家也测出了地球已经存在大概是20亿年了。这些数据离我们太遥远了，远到我们根本想象不到那是一个怎样的年代。地质学家也根据化石的发现，把恐龙的生存年代分为三个时期：三叠纪时期、侏罗纪时期和白垩纪时期。

恐龙的曾经存在让我们的地球充满了太多神秘色彩，2亿年前它们就已经在地球上生存，离我们最近的也有6500万年，但是在发现的恐龙化石中没有6500万年以后的，这些动物为什么一下子都消失了？是什么导致了这种结果？唯一可以解释的答案就是，地球遭到了一场毁灭性的灾难，所有生物都几乎灭绝，什么灾难会有如此大的威力呢？有待我们进一步去探索。

地壳变迁

人类在了解了恐龙的生存与灭亡过程之后，研究地球变化的科学又悄然兴起。魏格纳是第一个开始研究地球变化的人，他首次提出了"大陆漂移学说"。

早在 18 世纪以前，有人就在高山上发现了一些海洋生物化石。很多人都不明白为什么会有这种现象发生，也许这里的高山原来是海底，后来发生了什么变化，海底被拱成了高山，所以海底的生物遗体出现在高山上。海底怎么会成为高山呢？这一疑问难住了各界科学家。

又过了一个世纪，在这一个世纪里又陆续发现了很多动物和植物化石，随着化石的不断出现，人们对化石的了解也越来越深入。在非洲的西海岸和南美洲的东海岸，人们都出发现过同样的化石，地质学家又设想出在两个大洲之间曾经有一座大桥，这座大桥把两岸的生物联系了起来，但是这个推测始终不能让人信服。

20 世纪初，德国气象学家阿尔弗雷德·罗萨·魏格纳开始研究地质，他的一个大胆想法终于揭开了两岸存在相同化石的秘密。他假设如果若干年前，南美洲和非洲是合在一起的一块完整的大陆，这些生物生活在这块大陆上。又过了若干年，突然地层断裂，导致这块大陆分成了两块，在海洋的推动下，两块大陆向着不同方向漂走了，所以形成了现在世界地图上的位置。他把两块大洲从世界地图上剪下来，拼在一起，结果两块大洲能完全重合在一起。这一发现立即轰动了整个世界。由此，1912 年魏格纳提出了"大陆漂移学说"。

这个"大陆漂移学说"向人们阐述了 1.8 亿年前地球的样子。1.8 亿年前地球上的大陆是完整的一块，后来完整的大陆分成了几块大陆在海洋上漂移，漂移到了一定程度就不再动了，这就是我们今天在世界地图上看到的各个大陆的位置。1915 年，魏格纳出版了一本叫做《陆地和海洋起源》的书，书里说到所有生物在一个超级大陆上生活的情景，这本书在以后的再版中，魏格纳又不断地更新他的新发现，书里叙述了很多东西，唯独没有提到最终致使超级大陆分

岩　浆

裂的真正原因，所有的科学家们都一直在研究这个问题。1930 年，魏格纳只身一人去格陵岛一直没有返回，后来一支探险队在冰中发现了魏格纳的尸体。

　　魏格纳去世后，科学家们一直在继续地理研究。后来，人们通过大西洋中间的上万千米的山脊，也叫洋脊，明白了大陆漂移的动力所在。洋脊的中心温度极高，而且不时有黑烟冒出，这说明这里是刚刚形成的地层。这个新发现为大陆漂移学说做了很好的解释。地球内部岩浆不断向外涌，涌出的岩浆就会形成新的地层，再形成的新地层又会挤压原有的地层，这样不断累积，地层就在不断地移动，所以大陆也会跟着移动，由此，科学家们又提出了地球板块学说。大陆在移动的过程中，会出现挤压断裂的情况，所以又发生了地震。最终研究结果表明，地球板块学说是正确的，是有理论依据的。

第 **17** 章

神秘的血液

　　人类在很早的时候就会用一些草药给皮肤止血，虽然那个时候的人类并不知道血液在身体里是如何存在的，但是他们对血液已经有了初步认识。

　　17世纪时，哈维提出了血液循环理论，人类才开始知道血液在身体里是如何流动的。在哈维提出血液循环理论之前？有人已经对血液有了一些研究——

　　公元前5世纪，亚里士多德认为，人体的静脉中充满了气体。

　　公元前2世纪，古罗马医生盖伦提

哈维

出了血液流动学说，不过他认为，血液在体内流动后会自动消失。

15 世纪，达·芬奇进一步提出人的心脏有四个腔室。

16 世纪，维萨里对盖伦的学说进行了纠正，他的同学赛尔维特提出了血液其实在人的心脏和肺之间不断地循环流动的观点。

综合以上各个理论学说，哈维最终得出了血液循环理论。

哈维为了证明他的理论的正确，用兔子做了实验。实验很简单，用镊子夹住 q 兔子的动脉，在靠近兔子心脏一端的动脉就会鼓起来，而另一端的动脉正相反，会瘪下去。从这个小小的实验可以看出，动脉里的血液确实是从心脏里流出来的。再用同样的方法去夹兔子的静脉，正好相反，这又说明血液的确又流回了心脏。动物的血液如此，人的血液是不是也一样呢？事实证明，人和动物的血液流向是一样的。这期间经历了十几年，哈维才最终得出了血液循环理论。不过，他只是提出血液是从心脏流出到动脉，再从动脉流向静脉，最终由静脉又流回了心脏。然而在这整个过程中，他并没有具体说明动脉是如何进入静脉的，对于这一点，他始终没能给出一个合理的解释。

1661 年，一名意大利医生对此给出了正确的答案。他通过显微镜观察到，动脉中的血液是通过毛细血管流入到静脉中的，这进一步完善了哈维的血液循环理论。后来人们又发现，血液其实在心肺之间也可以流动，由此建立了一个完整的血液循环线路图。

在人类的漫漫发展过程中，人们又发现了血液还有很多未知的秘密。在很久以前，医生会给一些生命垂危的人输血，以保住人的性命。可是最早医生是把动物的血输给人类，结果是血液一输到人体内，人当场毙命。医生们得知动物的血不能输给人类，就决定把人的血再输给人类，这样情况稍有转变，就是有的人输了血之后好起来了，有的人输完血又当场毙命。这就让医生们疑惑了，为什么人的血输给人，有时还会不行呢？难道人的血液也是不完全的一样的吗？人们在不断临床试验中发现，有些血液输给任何人几乎都不会有什么副作用，而有些血液则有时可以起作用，有时不能起作用，只能救助少数患者。这个血

天花蔓延

液的秘密到底是什么呢？怎样才能解开这个秘密呢？这个秘密的最终解开者是奥地利的医学家卡尔·兰德施泰纳。

当时这个秘密的解开得从天花这种病说起——

当时天花是一种绝症，人类无法治疗，只要一得上天花，就只能等待死亡。不过现在，我们已不需要找到这种病的治疗方法，因为我们可以完全避免得这种病。英国的医生琴纳早就研制出了预防天花的办法。只要人在刚出生不久就接种牛痘，人就永远都不会得天花。其实医学家们也有些搞不明白，他们唯一能给出的解释就是，牛痘在人体内可以产生抗体，天花病毒因此不会侵入。兰德施泰纳的主要工作就是研究红细胞的抗体。他发现，当红细胞和其他血液相遇时，红细胞中的抗体就会与这些血液中的抗原起反应，红细胞就会凝结在一起，阻碍血液流通。不过抗体只对一些特定的抗原起反应。

1901 年，兰德施泰纳又把人的血液细分为四种，分别为 A 型血、B 型血、O 型血和 AB 型血。A 型血中含有 A 型抗原，但是含有抵抗 B 型抗原的抗体，B 型血中含有 B 型抗原，同时含有抵抗 A 型抗原的抗体。当 A 型血遇到 B 型血的时候，A 型血中的抗原就会与 B 型血中的抵抗 A 型血抗原的抗体起反应，使血细胞凝结。在得到这样的结论之后，医学家们总结出了一条规律，A 型血可以输给 A 型血或 AB 型血患者，B 型血可以输给 B 型血或 AB 型血患者，O 型血可以输给任何一个血型患者，AB 型血只能输给 AB 型血患者。

血液的秘密就此揭开了，这也成为 20 世纪最重大的发现。对血液进行了分类之后，就可以明确知道什么血型的病人应该输入什么型血，再也不会因为输错血液而导致人死亡了。在大量进行临床实验之后，又有一个新的问题出现了，就是在极个别的时候，给 A 型血或 AB 型血患者输血时不一定会成功，这里到底又隐藏着什么秘密呢？

兰德施泰纳发现血型

1937 年，印度有一种恒河猴，它体内的血液很特殊。这一特殊情况引起了兰德施泰纳和他的合作伙伴亚历山大·所罗门·维纳的高度重视。在恒河猴的血液中，有一种因子是其他血型的血液中没有的。即使是相同的血液，如果其中一个血液中含有这个因子，在给另外一个相同血液患者输血时，这两个相同的血液就会发生排斥，导致患者死亡。这种因子后来以恒河猴的名字命名，叫恒河猴因子（RH 因子），这种因子分为阴性和阳性。人的血液中是不是也存在这样的因子？如果真的是这样，就可以解释为什么 A 型血有时输给 A 型血患者或者 AB 型患者会产生排斥了。后来经证实，在人类的血液中确实也存在这样的因子，只不过绝大多数人的血液中含有的是 RH 阳性因子，只有极少数人的血液中含有 RH 阴性因子。所以，现在，在给一个人输血前，首先要先查一查他体内的 RH 因子是阴性还是阳性的，才能最终决定输哪种血液。

青霉菌的贡献

20 世纪初，人们已经知道败血症是由病原——致病的葡萄球菌——导致的感染症，以前有许多人因此病而死。败血症有时会因为手指上的一点儿小伤口而发病，更不用说医院的手术感染了。

最早治疗感染症的方法纯粹是在偶然间发现的。用巴斯德的话来形容青霉素的发现者弗莱明真是再恰当不过了："机会只青睐有准备的头脑。"

1921 年，英国科学家弗莱明对鼻涕进行细菌培养时发现了一种可以分解细菌的物质，他将其称为"溶菌酶"。限于当时的技术，他不能对它进行提纯来用于临床治疗，并发现它对致病菌也没有特效。

英国科学家弗莱明在实验室

弗莱明一直在培养能致病的葡萄球菌，以寻找能杀死它的方法。七年后，即 1928 年夏天，他因事忘了将培养葡萄球菌的容器盖上盖。第二天，他看到这个未盖上盖的葡萄球菌培养器壁上长了一层绿色的霉———青霉菌。这种霉菌与培养器内葡萄球菌接触处有一条透明呈水状的带子。他取出水状的东西，分析发现，里面竟然没有活的葡萄球菌。他当时就想，是不是这种绿色的霉菌对葡萄球菌有抑制作用呢？他取出绿色的霉菌放入盛有葡萄球菌的容器内，绿色霉菌果然能将培养器内的葡萄球菌杀死。

弗莱明当时就明白了，可以用这种青霉菌来击退病原菌。可是，要在实验中培养出分量足够的青霉菌并不容易。

弗莱明经过十余年的研究也没有找到提取高纯度青霉素的方法，他的这个伟大发现在这十余年内自然没取得什么社会效应，从而引起人们的注意。后来，就是他自己也对此失去了信心。1939 年，他将青霉素菌种和有关自己的研究资料提供给了英国病理学家弗洛里和生物化学家钱恩。

弗洛里和钱恩如获至宝，通过一年多的紧张实验，他们终于用冷冻干燥法提取了青霉素晶体，从而获得高纯度的青霉素。通过一系列临床实验，1944 年，用青霉菌做成的药物"盘尼西林 (pcni-cillin)"终于问世。它能抑制一系列病菌的滋生，如引起败血症的葡萄球菌、链球菌和肺炎球菌等等，而且重要的是它既不损害健康组织，也不影响白细胞的免疫功能。1945 年，弗莱明、弗洛里和钱恩因"发现青霉素及其临床效用"而共同荣获了该年度诺贝尔生理学或医学奖。

盘尼西林在问世的第一年，就拯救了好几万名在第二次世界大战中受伤的士兵。在诺曼底战役中，一位陆军少将由衷地称赞道，青霉素是治疗战伤的一座里程碑。

在使用青霉素时，人们自然也发现了一些问题，有些人对它过敏，有些疾病用它根本就没有效果，如结核病等等。这就迫使学者们用其他的细菌制造出新药物。于是，对抗其他病原菌的药物也陆续被研发出来，这些药物被统称为"抗生素"。在现今时代，抗生素已经是医生不可或缺的治疗用药。

从使用盘尼西林算起，人类使用抗生素已有60多年的历史了（有必要在此补充一下，在大规模使用盘尼西林之前，人类已开始使用磺胺类药物进行抗菌，只是磺胺类药物对人体的副作用太大，最后才被盘尼西林取代）。60年后的今天，医生日益对一个问题感到头疼，那就是病菌的耐药性。原先用少量抗生素就能轻易杀死的病菌，如今用大量的抗生素也不能将它杀死，许多早该在世界上消失的疾病又卷土重来，如结核病。

其实这种现象很符合达尔文的进化论，可以说是进化论现成的活例子。

如前面提到过的，所有物种都会随着时间逐渐变化，病原菌也是生物，而且有不计其数的种类，进化论对这些病原菌当然也适用。对于侵入体内的病原菌来说，体内就是它们的生活环境。有抗生素进入时，环境就出现激烈的变化，几乎所有病原菌都因为无法适应环境而死。这也正是应用抗生素的目的。然而，偶尔还是会有极少数病原菌能够忍受抗生素，它们能在因抗生素而改变的环境中存活，并且留下后代，这些后代也继承了上一代的特质，于是就出现了耐得住抗生素的病原菌。耐不住抗生素的病原菌都一个个死去，最后只剩下具有耐药性的病原菌不断繁衍。

病原菌实在很善于适应环境的变化，有些竟然能在几个月内就习惯新的抗生素！不过由于抗生素多半还能杀死病原菌，所以目前还是扮演着特效药的角色。但是，如果病原菌照这样进化下去，以后我们要如何对抗疾病呢？有许多学者已经在为未来感到忧心了。

人和病原菌一直都在对抗，这场战争可能永远也不会终止，随着病原菌的进化，以前的特效药会失去效用，而全新的病原菌也会源源不断地出现！

维生素 C

15 世纪的时候，出现了很多航海家，人们都对航海家的勇敢佩服不已。15 世纪末，达·伽马的一次冒险航行发现了通往东方的新航道。在听到这个令人振奋的消息的同时，也听到一个极坏的消息，就是在达·伽马一行的 160 个船员中，有 100 多个人都患上了坏血病。这种病在很早的时候就有，一直没有找到可以治愈的办法。

早期的人们对坏血病一直充满恐惧，因为只要长时间离开陆地，基本上就会得坏血病。在陆上很强壮的人，长时间在船上生活，身体里就会出血，如果能不时地靠岸生活一段时间，就会慢慢自己好起来，否则最终会死亡。那些长期在海上航行的人，为了减少得坏血病的几率，不得不航行一段时间就到陆地上休息一段时间，所以，那个时候要想远航得花费很长时间。

1740 年，英国贵族乔治·安森的一支环球船队引起了世界关注。不是这个航行有多么壮举，而是这次航行回来，1900 个船员只存活了 400 多个。那些人基本上都得了坏血病。其实在 17 世纪的时候，英国东印度公司有一个医生就已经发现了柑橘能够医治坏血病，而这支船队没有在船上带柑橘。

18 世纪，英国的医学家詹姆斯·林德第一次通过实验，证实了柑橘可以治愈坏血病。林德想到了人的身体里因为

林德用柑橘治疗坏血病

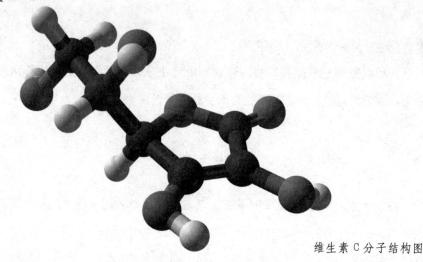

维生素C分子结构图

产生了腐败物，所以才导致坏血病。要想治好坏血病，就得先清除掉身体内的腐败物才行，而酸可以清除腐败物。柑橘中正好含有酸。1747年，林德用12名患有坏血病的海员做临床试验，并把这些人分成六组。第一组吃苹果汁，苹果汁中含有苹果酸。第二组用万能药硫酸盐。第三组用的是醋。第四组病人用的是海水。第五组是柑橘和柠檬，这两种水果中都含有柠檬酸。第六组是用一种比较复杂的药方。几天下来的结果很明显，吃柑橘和柠檬的病人很快就痊愈了，其他五组的病人没有好转，病情一天天加重。林德依据此实验，在1753年出版了一本书，这本书中提出柑橘可以治疗坏血病，而且他一直认为是柑橘中的酸把身体的腐败物除掉了，因此治好了坏血病。在长期的航海中，有些船长也积累了一些经验，他们知道新鲜蔬菜也可以预防坏血病。比较出名的詹姆斯·库克船长经验十分丰富，他领航的船员中，在大海中生活三年，没有一个人得上过坏血病，他因此备受大家的尊敬。

　　包括林德在内的很多生理学家都认为是酸治好了坏血病，不过具体说到治疗原理，没有人能够给出比较令人信用的依据。1719年，英国的一艘通往印度的船上备有大量柠檬汁，船上的人每天都喝柠檬汁，所以这个船上没有人得坏血病，这一次航行充分证实了柠檬能够治疗并抵御坏血病。柠檬汁成为了那个年代航海时船上的必备品。有人传言说拿破仑为什么在特拉法尔海战中败给英国，可能就是因为他没有在自己的船上贮备柠檬水。

19 世纪时，人们想把治疗坏血病的抗坏血酸单独分离出来，可是没有更有效的办法可以做到。那时人们以为只有人会得坏血病。在一次出海航行中，有人无意发现了动物也会得坏血病。在 1907 年时，有两位挪威医生在出海时把两只鸽子也一同带上了。这两位医生那时正在研究脚气病。在船上鸽子每天吃的食物都是固定的，过了一段时间，医生发现这两只鸽子竟然得上了坏血病。这一现象说明，其实坏血病并不是因为体内产生了腐败物，而是因为体内缺乏某种重要物质导致的。

美国生物学家卡西米尔·芬克在 1912 年就发现了生物体内部存在一种重要物质，这种物质在人体内必不可少，但是它的存量并不是很多。这就是维生素。是"维持生命的胺"。他的实验结果证明维生素可以抵抗脚气病和坏血病，抗坏血酸在维生素中排到了第三位，称为维生素 C。

人们在食物中又不断发现了可以给人类提供能量的糖分、蛋白质和脂肪，维生素是体内众多必备物质中最重要的。随着维生素 C 的发现，一直到 20 世纪 30 年代，生理学家又找到了一些主要维生素。现在的人再也不害怕坏血病了，因为维生素 C 可以大量生产，随身携带。